高等职业学校"十四五"规划土建类专业立体化新形态教材

管焊钳工种实训

主　编	刘　铃　孙　巍
副主编	李　盼　丁　波
参　编	郭朋榕　饶　欢　刘　存
主　审	邓雪峰　赵　偶

华中科技大学出版社

中国·武汉

内 容 简 介

本书分为焊工实训、钳工实训和管工实训三个模块,教学内容以任务驱动的形式编排,并以工作手册的形式汇编,同时依据各个模块的典型工作任务的工作流程制定工作任务卡。通过师生协同完成各典型工作任务,实现课程内容设计创新,确保学生课程达成三维目标。本书可作为高职高专院校相关专业的教材,也可作为专业技术人员和管理人员的参考用书。

图书在版编目(CIP)数据

管焊钳工种实训 / 刘铃,孙巍主编. —武汉：华中科技大学出版社,2025.1
ISBN 978-7-5772-0537-3

Ⅰ.①管… Ⅱ.①刘… ②孙… Ⅲ.①管道施工-教材 ②焊接-教材 ③钳工-教材 Ⅳ.①TU81 ②TG4 ③TG9

中国国家版本馆 CIP 数据核字(2024)第 039829 号

管焊钳工种实训
Guan Han Qian Gongzhong Shixun

刘　铃　孙　巍　主编

策划编辑：胡天金	
责任编辑：周江吟	
封面设计：金　刚	
责任监印：朱　玢	

出版发行：华中科技大学出版社(中国·武汉)　　电话：(027)81321913
　　　　　武汉市东湖新技术开发区华工科技园　　邮编：430223
录　　排：华中科技大学惠友文印中心
印　　刷：武汉市洪林印务有限公司
开　　本：787mm×1092mm　1/16
印　　张：6.25
字　　数：109 千字
版　　次：2025 年 1 月第 1 版第 1 次印刷
定　　价：48.00 元

本书若有印装质量问题,请向出版社营销中心调换
全国免费服务热线：400-6679-118　竭诚为您服务
版权所有　侵权必究

前　言

本书涵盖与建筑设备工程专业紧密相关的焊工、钳工和管工三个工种的基础实训内容，以培养学生懂基本原理、熟安全规程、守劳动纪律、选工具设备、会基本操作、备所需材料，培育学生团结协作、精益求精、策略服务的素养为主要目标，同时兼顾后续课程的学习需要以及施工现场专业技术人员的岗位任职资格要求。

本书分为焊工实训、钳工实训和管工实训三个模块，教学内容以任务驱动的形式编排，并以工作手册的形式汇编，同时依据各个模块的典型工作任务的工作流程制定工作任务卡。通过师生协同完成各典型工作任务，实现课程内容设计创新，确保学生课程达成三维目标。

全书由湖南城建职业技术学院刘铃、孙巍任主编，邓雪峰、赵偶任主审，李盼、丁波任副主编，郭朋榕、饶欢、刘存参与编写。

本书在编写过程中，参考了相关标准、图片及其他文献资料，得到了出版社和编写人员所在单位的领导和同事的大力支持，在此一并致谢。由于编者水平有限，书中难免出现疏漏，恳请各位读者批评指正。

目 录

模块一　焊　工　实　训

一、基础知识模块 ……………………………………………………… 2

　(一)焊接作业安全与个人劳动保护 ……………………………… 2

　(二)手工电弧焊用具 ……………………………………………… 6

　(三)手工电弧焊工艺常识 ………………………………………… 11

　(四)焊接操作基础知识 …………………………………………… 12

二、实训任务模块 ……………………………………………………… 17

模块二　钳　工　实　训

一、基础知识模块 ……………………………………………………… 34

　(一)安全与劳动保护 ……………………………………………… 34

　(二)锯削基础知识 ………………………………………………… 34

　(三)划线基础知识 ………………………………………………… 36

　(四)锉削基础知识 ………………………………………………… 40

　(五)钻孔基础知识 ………………………………………………… 40

　(六)攻丝和套丝基础知识 ………………………………………… 42

二、实训任务模块 ……………………………………………………… 43

模块三 管 工 实 训

一、基础知识模块 …………………………………………………………… 54
　　(一)管工基础理论知识 ………………………………………………… 54
　　(二)管工机具设备及其操作方法 ……………………………………… 65
二、实训任务模块 …………………………………………………………… 71

模块一　焊　工　实　训

随着土木工程技术的飞速发展,焊接作业几乎涉及建筑工程的每一个领域。焊接技术在工程建设中有着重要的作用,焊接技术直接影响建筑工程的质量。焊接技术的要求比较高,工程技术人员必须对该技术有初步了解,并能在工作中熟练运用。表1.1为焊工实训模块学习目标。

表1.1　焊工实训模块学习目标

	学习目标
知识目标	(1)了解焊接基本原理及应用; (2)了解手工电弧焊焊接设备和耗材; (3)熟悉各类焊接方法及注意事项; (4)熟悉焊工安全操作规程和应急处理流程
能力目标	(1)能了解焊接基本原理及应用; (2)能根据实际情况选用焊接设备和耗材; (3)能熟悉各类焊接方法和对应注意事项,能熟练掌握平敷焊; (4)能熟悉安全操作流程,能冷静处理应急事项
素质目标	(1)在基本原理、基本技能的学习过程中培养认真细致的学习习惯,培养安全生产意识; (2)在操作过程中培养精益求精、规范操作、安全操作的工作精神,培养吃苦耐劳、团结协作的工作作风; (3)在工具、设备整理,场地清洁过程中贯彻劳动教育,形成厉行节约、勤劳肯干的工作素养,形成主动服务、策略服务的工作习惯

一、基础知识模块

(一)焊接作业安全与个人劳动保护

焊接属于特种作业,焊接过程中容易发生火灾、触电、中毒等一系列危险事故,表1.2简要说明了在焊接作业中容易产生的危险源、工伤事故、有害因素及职业病。

表1.2 焊接过程中容易产生的危险源、工伤事故、有害因素及职业病

危险源	工伤事故	有害因素	职业病
(1)带电设备、电器; (2)明火; (3)登高、金属容器内、水下或窄小空间作业; (4)易燃、易爆气体压力容器	(1)触电; (2)火灾; (3)中毒、高空坠落、物体打击; (4)爆炸	(1)弧光辐射; (2)有害气体; (3)电焊烟尘、射线; (4)热辐射	(1)电焊尘肺、慢性中毒; (2)皮肤灼伤、皮肤烫伤; (3)慢性中毒、电光性眼炎; (4)焊工金属热、血液疾病

因此,为做好安全生产,在生产现场中,应对焊接设备、个人防护等多个方面提出全面的安全生产要求。各类安全生产要求及个人防护要求如下。

电焊机安全使用要求如下。

(1)电焊机必须装有单独的专用电源开关(图1.1),一台电焊机应配一个电源。

(2)使用电焊机时应先合上电源开关,再打开电焊机上的开关。

(3)电焊机的一次电源线长度一般小于5 m(图1.2),当遇到临时任务需要较长的一次电源线时,应将电源线固定在2.5 m的高度以上,不允许电源线拖在地上。

(4)使用过程中防止电焊机受到碰撞或剧烈震动。

图1.1 单独的专用电源开关

图1.2 一次电源线

(5)室外使用电焊机或焊机房应采取防雷措施(图1.3)。

(6)电焊机启动前或使用过程中,焊把不能与工件形成短路。

(7)禁止在电焊机上放置杂物(图1.4)。

图1.3 防雷措施

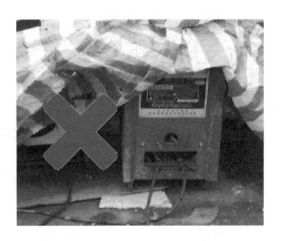

图1.4 禁止在电焊机上放置杂物

(8)电焊机根据工作环境定时吹扫内部,保持内外清洁(图1.5)。

(9)电焊机的接地装置必须良好,并且定期检查接地系统的电气性能(图1.6)。

(10)当电焊机发生故障时应立即切断电源,及时进行维修。

(11)焊接过程中出现电焊机异响、异味、异常振动等情况应立即切断电源,检查维修。

图1.5 电焊机吹扫工具

图1.6 确保电焊机有效接地

(12)临时离开工作场地或焊接工作完成后,必须及时切断电源。

电焊机电缆安全使用要求如下。

(1)电焊机要使用多股铜线软电缆,其截面积应根据使用电流和长度选用(图1.7)。

(2)电缆线的外皮必须完整,绝缘良好,绝缘电阻小于1Ω,电缆外皮破损处应用绝缘布包好。

(3)电缆长度一般不超过30 m,当工作需要接长电缆时,应使用接头连接器连接,连接处应保持绝缘良好。

(4)焊接电缆需穿过马路时,用保护装置、钢管、槽钢等进行保护(图1.8)。

图1.7 焊接电缆线

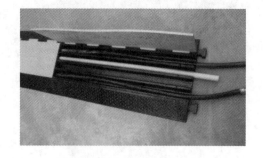
图1.8 电缆保护装置

(5)焊接电缆严禁搭在氧气瓶、乙炔瓶或其他易燃容器及材料上。

(6)禁止焊接电缆与易燃物接触。

(7)电缆接头不能放置在潮湿的位置。

(8)电缆使用时要排列整齐,多余线缆不能盘成圆圈。

劳保用品使用要求如下。

(1)工作服。

焊接时应穿白色棉布工作服,或穿皮质工作服,或戴皮质袖套、鞋套等,防止紫外线辐射,防止烫伤;工作服应保持干燥,领口、袖口应扎紧。

(2)手套。

手套应保持干燥、完好。

(3)防护鞋。

①工作鞋应具有绝缘、隔热、不易燃、耐磨、防滑等功能。

②工作鞋应耐电压5000 V,在积水地面作业时,工作鞋应耐电压6000 V。

③在易燃易爆场所焊接,不能穿带钉的工作鞋,防止摩擦产生火花从而发生爆炸。

(4)场地。

①作业场地的易燃易爆物品与焊接作业点火源的距离不小于10 m。

②作业场地的墙体地面若有孔、洞、缝隙,都应采取封闭或屏蔽措施。

③施工现场存有大量易燃(渣料、棉花等)、易爆(粉尘)物品而无法采取措施时,严禁施焊。

④焊接场所必须配备有足够的水源、灭火器具等。

⑤焊接完成后及时清理现场,检查确认无危险隐患后,方可离开。

焊接作业防护要点如下。

(1)焊接人员应接受严格的安全理论和安全操作教育,作业前确保人身健康(无高血压、癫痫、心脏病等疾病),实际工程中焊接人员应取得操作证后才能上岗作业。

(2)作业人员应了解焊接基本技能,严格遵守焊接安全规程。

(3)作业位置应具备良好的采光和通风条件,容器内焊接时照明电源电压不高于24 V。

(4)焊接一切易燃、易爆、有毒物质容器、管道时,应先采取清洗、置换等安全措施,使其符合焊接要求并取得相关单位和消防管理部门的动火证明后,才能进行焊接。

(5)严禁在带电、带压的容器、管道、设备上进行焊接,在特殊情况下,如不能泄压、切断气源工作,应向上级主管安全的部门提出申请,批准后才可开展作业。

(6)在封闭的容器、罐桶、舱室内焊接前,应先打开其孔、洞,使其内部空气流通。必要时采取强制通风措施,并设有专人监护,以防焊工中毒、烫伤、触电等。工作完成或暂停时,焊把、割炬、气体皮带等都随人进出,禁止放在工作点。

(7)焊接中应防止热能传到结构或设备中,以免使工程中的易燃、保温材料或滞留的易燃易爆气体着火、爆炸。

(8)焊工高空作业场地应备有梯子,工作平台应设有栏杆。作业人员应佩戴合格的安全帽、安全带及完好的工具袋。登高或焊接时应根据作业高度和环境条件,划分危险区域的范围,禁止在危险区域内存放易燃易爆物品,或采取相应的防护隔离措施。焊工在登高或焊接时,禁止把焊接电缆、气体胶管缠绕在身上。

(9)对已停转的机器进行内外焊接时,必须彻底切断机器的电源,锁住启动开关,并应设置"检修施工,禁止转动"的安全标志牌,同时专人看守。

(10)对悬挂在起重机吊钩上的工件和设备,禁止电焊和切割。

(11)露天作业遇到六级及以上大风或下雨、下雪时,应停止焊接工作。如确实需要继续施工,应搭设防风、防雨棚。

(二)手工电弧焊用具

手工电弧焊又称为焊条电弧焊,是利用手工操纵焊条进行焊接的电弧焊方法。手工电弧焊所需设备简单,操作方便、灵活,适用于各种条件下的焊接,特别适用于结构复杂、焊缝短小或各种空间焊缝的焊接。手工电弧焊是我国工业生产中广泛使用的焊接方法。

手工电弧焊的用具包括焊机、焊条、焊钳、焊接电缆、焊接面罩和护目玻璃及辅助工具。

1.焊机

手工电弧焊最主要的设备是焊机。根据焊接电源的不同,焊机可分为直流、交流和脉冲三种基本类型。相应的弧焊电源为直流弧焊电源、交流弧焊电源和脉冲弧焊电源。实训室采用的焊机为BX型交流焊机(图1.9),其主要技术参数如表1.3所示。

图 1.9　BX 型交流焊机

表 1.3　BX 型交流焊机

初级电压/V	220/380	
接法	Ⅰ	Ⅱ
空载电压/V	70	60
电流调节范围/A	50～180	160～450
额定暂载率/(%)	65	
额定焊接电流/A	330	
额定工作电压/V	30	
220 V 时额定暂载电流/A	98	
380 V 时额定暂载电流/A	56	
效率/(%)	80	
功率因数	0.85	
不同暂载率(ZZ)时允许的焊接电流/A	ZZ=100%	265
	ZZ=65%	330
	ZZ=55%	450

2. 焊条

焊条是涂有药皮的供手工电弧焊用的熔化电极,焊条的基本组成如图1.10所示。压涂在焊芯表面上的涂料层即药皮;焊条中被药皮包覆的金属芯称为焊芯;焊条端部未涂药皮的焊芯部分,供焊钳夹持用,是焊条的夹持端。焊条药皮与有药皮部分焊芯的重量之比值为焊条的药皮重量系数,该系数一般为25%～40%。

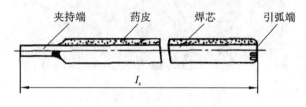

图1.10 焊条的基本组成

焊芯是具有一定长度及直径的金属丝,焊芯有两个作用:一是传导焊接电流,产生电弧,把电能转换成热能;二是焊芯本身熔化,作为填充金属的同时起调整焊缝中合金元素成分的作用。

焊条药皮可保证电弧稳定燃烧,使焊接过程正常进行。利用焊条药皮熔化后产生的气体能够防止空气中的氮、氧进入熔池,药皮熔化后形成的熔渣覆盖在熔池表面,隔绝了有害气体,使焊缝金属冷却速度降低,有助于气体的逸出,防止气孔的产生,改善焊缝的组织性能。

当焊条熔渣的主要成分是酸性氧化物(如 TiO、Fe_2O_3、SiO_2)时,熔渣表现为酸性,这类称为酸性焊条。反之,当焊条熔渣的主要成分是碱性氧化物(如大理石、萤石等)时,熔渣就表现为碱性,这类焊条就称为碱性焊条。由于酸性焊条和碱性焊条药皮的成分不同,焊条的工艺性能以及焊缝金属的性能不同,它们的应用场合也不相同,酸性焊条和碱性焊条的性能比较见表1.4。

表1.4 酸性焊条和碱性焊条的性能比较

酸性焊条	碱性焊条
(1)电弧稳定,可采用交、直流电源进行焊接(大多数情况下用交流电源焊接);	(1)电弧不够稳定,除 E4316、E5016 外均须用直流反接电源进行焊接;

续表

酸性焊条	碱性焊条
(2)对水、锈产生气孔的敏感性不大；	(2)对水、锈产生气孔的敏感性较大；
(3)焊前对焊件表面的清洁工作要求不高；	(3)焊前对焊件表面的清洁工作要求高；
(4)焊前需经75～150 ℃烘焙1 h；	(4)焊前需经350～450 ℃烘焙1～2 h；
(5)焊接电流大；	(5)焊接电流较小,较同直径的酸性焊条小10%左右；
(6)可长弧操作；	(6)需短弧操作,否则易引起气孔；
(7)脱渣较方便；	(7)坡口内第一层脱渣较困难,以后各层脱渣较容易；
(8)焊接时烟尘较少	(8)焊接时烟尘较多

碱性焊条的塑性、韧性和抗裂性能均比酸性焊条好,所以在焊接重要结构时,一般均采用碱性焊条。

3. 焊钳

焊钳是夹持焊条和传导电流进行焊接的工具。焊接对焊钳有如下要求：①焊钳必须有良好的绝缘性,不易发热；②夹持处导电性要好,与焊接电缆连接应简便可靠,接触良好；③在任何角度上都能迅速而牢固地夹持和松开不同直径的焊条；④焊钳通电后不得与焊件接触,以免短路而烧坏焊钳及焊机。

4. 焊接电缆

焊接电缆的作用是传导电流,对焊接电缆的要求是：①一般要求使用紫铜线,并具有一定的横截面积和足够的导电能力；②要求易弯曲和柔软性好,便于焊工操作,减轻劳动强度；③焊接电缆外皮必须完整、柔软、绝缘性好,以免产生短路而损坏焊机。

焊接电缆的长度应根据工作时的具体情况选定,但不宜超过30 m,电缆的截面积大小应根据电流大小决定,如表1.5所示。

表 1.5 焊接电缆截面积与电流

最大焊接电流/A	200	300	450	600
焊接电缆截面积/mm^2	25	50	70	95

5.焊接面罩和护目玻璃

焊接面罩的作用是保护焊工面部免受强烈弧光和飞溅的金属灼伤。焊接面罩有手持式和头戴式两种(图 1.11、图 1.12),可根据不同的工作来选用。面罩上装有用以遮蔽焊接有害光线的护目玻璃,焊接时焊工可通过护目玻璃观察熔池情况,掌握焊接过程而不会使眼睛受弧光灼伤。

图 1.11 手持式焊接面罩　　　图 1.12 头戴式焊接面罩

护目玻璃的颜色有深有浅,焊工可参考表 1.6 来选用。

表 1.6 护目玻璃色号选择参考

护目玻璃色号	颜色深浅	适用焊接电流范围/A
7~8	较浅	≤100
8~10	中等	100~300
10~12	较深	≥300

6.辅助工具

手工电弧焊常用的辅助工具有敲渣锤、锉刀、烘干箱、焊条保温筒、钢丝刷等,这些工具也是保证焊接质量不可缺少的。为了防止焊工被弧光和飞溅金属灼伤或触电,在焊接时,焊工必须戴焊接专用手套、工作帽,穿绝缘鞋,在敲渣时,还应戴平光镜。

(三)手工电弧焊工艺常识

为了获得优质的焊缝接头和提高生产效率,必须选用正确的焊接工艺参数。手工电弧焊的工艺参数主要有焊接电源种类和极性、焊条直径、焊接电流、电弧电压、焊接速度、焊接层数,还有由焊接结构的材质、工作条件等选定的焊条型号、焊件坡口形式、焊前准备、焊后热处理等。根据实训现场条件,下面从焊条直径、焊接电流、焊接速度三个因素阐述。

1. 焊条直径

焊条直径主要取决于焊件的厚度、接头形式、焊缝位置以及焊接层数等因素。焊件较大时,应选用较大直径的焊条。搭接和T形接头焊缝用的焊条直径也可大些。平焊时采用的焊条直径应大一些,立焊时的焊条直径最大不超过5 mm,仰焊、横焊的最大焊条直径不超过4 mm,这样就能形成较小的熔池,减少下淌的熔化金属并便于操作。在进行多层焊时,为了防止出现未焊透等缺陷,在焊第一层时,应采用直径为3.2~4 mm的焊条,以后各层则根据焊件厚度选用直径较大的焊条。在一般情况下,根据焊件厚度选择焊条直径可参考表1.7。

表1.7 焊件厚度与焊条直径

焊件厚度/mm	≤1.5	2	3	4~5	6~12	≥12
焊条直径/mm	1.5	2	3.2	3.2~4	4~5	4~6

2. 焊接电流

焊接电流是焊接时流经焊接回路的电流。它是手工电弧焊的主要焊接工艺参数。焊接电流对焊接质量和生产率有很大的影响。电流过小,电弧不稳定,会造成未焊透和夹渣等缺陷,而且生产率低。电流过大,则焊缝容易产生咬边、烧穿等缺陷,同时提高了金属飞溅的可能性,造成焊接接头及其热影响区晶粒粗大,使焊件力学性能下降。从图1.13中可以看出焊接电流对焊缝成形的影响。

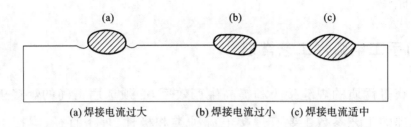

图 1.13 不同焊接电流形成的焊缝示意图

焊接时,可从以下几方面判断焊接电流是否合适。

①飞溅。电流过大时,电弧吹力大,可看到较大颗粒的铁水向熔池外飞溅,爆裂声大,弧光强,焊件表面不干净。电流过小,电弧吹力小,熔渣和铁水不易分清。

②焊缝成形。电流过大,熔深大,焊缝宽,两边易产生咬边,焊缝波纹成三角形。电流过小,焊缝窄而高,且两侧与金属熔合不良。

③焊条熔化状况。电流过大,焊条熔化后尾部大半根焊条发红。电流过小,电弧燃烧不稳定,焊条易黏在焊件上。

3.焊接速度

焊接速度指单位时间内完成的焊缝长度,即焊接时焊条向前移动的速度。它直接影响焊接生产率,应在保证焊接质量的前提下,尽可能快些,但要确保焊缝高低宽窄的一致性。

焊条电弧焊的速度是由手工操作控制的,它与焊工的操作技能水平有关,所以在焊接过程中应根据具体情况适当调整焊接速度,以保证焊缝质量和外观尺寸。

(四)焊接操作基础知识

1.焊接引弧

引弧是指电弧焊开始时,引燃焊接电弧的过程。引弧是手工电弧焊操作中最基本的动作,主要的引弧方法包括敲击引弧法和划擦引弧法两种,如表1.8所示。

表1.8 手工电弧焊引弧方法

引弧方法	操作示意图	特点
敲击引弧法		将焊条与焊件垂直接触,焊条端部与焊件起弧点轻轻敲击,形成短路后迅速提起焊条2~4 mm,待电弧引燃后进行焊接。对焊件污染轻,但不易掌握,易造成暂时性偏吹
划擦引弧法		将焊条在焊件表面轻轻划擦引燃电弧,与划火柴类似。引燃电弧后立即移至焊接部位进行焊接。容易掌握,但会烧伤工件表面,造成破坏

2.运条

在焊接过程中,焊条相对焊缝所做的各种动作称作运条。焊接时,合适的运条方式可以控制焊接熔池的形状和尺寸,从而获得良好的熔合和焊缝成形。运条时一定要协调以下三个动作,即焊条沿着轴线向熔池送进 v_c、焊条沿着焊接方向移动 v_b 和焊条做横向摆动 v_a,见图1.14。

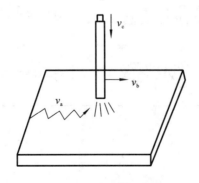

图1.14 运条动作示意图

焊接运条方式有很多种,常见的焊接运条方法及适用范围见表1.9,焊接时可以根据焊接接头形式、焊件厚度、装配间隙、焊缝的空间位置、焊条直径与性能、焊接电流及操作熟练程度等因素合理选择运条方法。

表1.9 常见的运条方法及适应范围

运条方法	运条示意图	适用范围
直线形		(1)3~5 mm厚,I型坡口对接平焊; (2)多层焊的第一层焊道; (3)多层多焊道
直线往返形		(1)薄板焊; (2)对接平焊(间隙较大)
锯齿形		(1)对接接头(平焊、立焊、仰焊); (2)角接接头(立焊)
月牙形		(1)对接接头(平焊、立焊、仰焊); (2)角接接头(立焊)
斜三角形		(1)对接接头(仰焊); (2)角接接头(开V形坡口平焊)
正三角形		(1)对接接头(立焊); (2)角接接头
斜圆圈形		(1)对接接头(平焊、立焊、仰焊); (2)角接接头(立焊)
正圆圈形		对接接头(厚焊件平焊)
八字形		对接接头(厚焊件平焊)

3.接头

手工电弧焊由于受到焊条长度的限制,经常要用几根焊条才能完成一条焊缝,因而出现了焊缝前后两段的连接问题。要使焊道均匀连接,避免产生连接处过高、脱节和宽窄不一致等缺陷,就要在焊接过程中前后相互照顾,选择恰当的连接方法。

焊缝连接处如操作不当,极易造成气孔、夹渣等缺陷,因此在焊接过程中尽量不要拉断电弧。常见的焊缝接头方法有中间接头、相背接头、相向接头、分段退焊接头四类,如表1.10所示。

表1.10 接头方法及操作要点

序号	名称	图例	操作要点
1	中间接头	头→1→尾 头→2→尾	从尾部接头,稍微拉长电弧,在前段焊道弧坑之前10 mm左右的位置开始焊接,然后缩短电弧正常焊接
2	相背接头	尾←1←头 头→2→尾	接前段焊道起头处,稍微拉长电弧,在前段焊道之前10 mm左右的位置开始焊接,待前面焊缝起头处熔合好后正常焊接
3	相向接头	头→1→尾 ←2←头	两处结尾相接,缩短电弧,填满前段焊道结尾弧坑后,以较快速度继续向前焊接一段,然后熄弧,完成接头
4	分段退焊接头	头→2→尾 头→1→尾	尾头相接,焊缝1的起头应低于正常水平,焊缝2至接头处改变焊接角度,改后倾为前倾,指向开始端,填满熔池后熄弧

除此之外,为获得良好的焊接质量,接头还应注意以下几点:①接头要迅速,保持在较高温度下完成接头;②有多层焊道时接头应相互错开,避免多层焊道接头在同一处,影响焊件的性能;③处理先焊接焊缝的接头后,再开始接头。

4. 焊接收尾

收尾是焊接过程中的关键动作。焊接结束时，如果立即将电弧熄灭，则在焊缝收尾处会产生凹陷很深的弧坑，不仅会降低焊缝收尾处的强度，还容易产生弧坑裂纹。过快拉断电弧，使熔池中的气体来不及逸出，就会产生气孔等缺陷。为防止出现这些缺陷，必须采取合理的收弧方法，填满焊缝收尾处的弧坑。常见的焊接收尾名称、图例及操作要点如表1.11所示。

表 1.11　焊接收尾名称、图例及操作要点

名称	图例	操作要点
画圈收尾		在焊缝终点处沿弧坑反复画圈直到填满弧坑拉断电弧，注意此方法不适用于薄板件，易烧穿工件
回焊收尾		在焊缝终点处电弧稍作停留，且改变焊条角度并向与焊接方向相反的方向回焊一段很小的距离，然后立即拉断电弧
反复断弧收尾		电弧移到焊缝终点时，电弧在弧坑处反复熄弧、引弧数次，直到填满弧坑。此方法适用于薄板和大电流焊接时的收弧

焊接作业属于特种作业，同学们应夯实理论基础，融会贯通，用以指导实践。同学们走上工作岗位后，生产过程中须牢记各项安全注意事项，严格做到"十不焊"：

（1）不是焊工不焊；

(2)要害部门和重点部位未经批准不焊;

(3)不了解焊接点周围情况、不了解焊接物内部情况不焊;

(4)火星飞溅物去向不明不焊;

(5)装过易燃易爆物品的容器,没有彻底清洗干净不焊;

(6)用可燃材料作保温隔音的部位不焊;

(7)密闭或有压力的容器和管道不焊;

(8)焊接部位旁边有易燃、易爆物品不焊;

(9)附近有与明火作业相抵触的作业不焊;

(10)禁火区内未办理动火审批手续,没有采取安全措施不焊。

二、实训任务模块

任务一 掌握引弧方法

任务名称	掌握引弧方法		学时	4	班级	
学生姓名		学生学号		组别		任务成绩
实训用具	400 mm×400 mm×10 mm 钢板、交流焊机、焊条若干、焊接防护手套、防护面罩		实训场地		日期	
基本任务	在400 mm×400 mm×10 mm的钢板,按附图1.1要求用划针(也可用石笔或粉笔)在两面焊缝位置划线,焊条直径3.2 mm,焊接电流90 A左右,分别用划擦引弧法和敲击引弧法。引燃电弧后,维持弧长2～4 mm,用直线形运条。当焊缝长度为30 mm左右时熄弧,然后重新引弧,完成引弧训练					
任务目的	能熟练调节焊机电流、运用划擦引弧法和敲击引弧法、控制焊条角度和运条速度					

续表

	步骤一	分组	自由组队，2~3人一组	
任务实施步骤	步骤二	焊前检查	检查焊钳、电缆是否绝缘良好； 检查焊机是否接地良好； 检查空气开关是否灵活可靠； 组员之间相互检查工作服、手套、面罩是否配备齐全，穿戴规范	务必认真检查设备，相互之间提醒检查劳保用品穿戴到位
	步骤三	清理场地	清理场地，场地内不得有易燃易爆物品，检查场地通风、照明等是否符合规范，焊条是否夹持正确牢靠	
	步骤四	清理工件	用钢丝刷将试件上的待焊接部位的油污、锈蚀、水分等清除干净，直至露出金属光泽	

续表

	步骤五	调整电流	合上电闸,打开焊机,并调整电流大小	
	步骤六	引弧练习	按照任务要求进行引弧练习	初步学会控制弧长,把握焊接速度
任务实施步骤	步骤七	堆焊	在钢板上清洁处画一个直径为13 mm的圆圈,然后用敲击法在圆圈内引弧,焊条直径3.2 mm,焊接电流90 A左右。引弧后,保持电弧长度适当,在圆圈内做画圈动作,画2~3圈后灭弧,此时不能拿开面罩,观察熔池,金属由亮变暗,待熔化的金属冷却凝固后,再在上面继续引弧堆焊,这样反复操作,直到焊接柱堆起高度为40 mm,见附图1.2	应仔细分辨焊渣和铁水:焊渣颜色稍暗,铁水颜色明亮;焊渣向铁柱四周流动,铁水由于熔点高而先凝固。通过引弧堆焊训练,分清焊渣和铁水,分辨熔池温度的高低
	步骤八	检查与评价	认真检查反思,完成自评和互评	

续表

	小组工作量分配：			
操作过程记录	步骤	操作人	用时	操作过程描述
	步骤一			
	步骤二			
	步骤三			
	步骤四			
	步骤五			
	步骤六			
	步骤七			
	步骤八			
操作反思				

续表

评估	自我评价				评分(满分100)		
	组内互评	学号	姓名	评分（满分100）	学号	姓名	评分（满分100）
	注意：认真客观评价，严禁弄虚作假						
	教师评价				评分(满分100)		

任务一 评价标准

序号	检验项目	配分	技术标准	实际得分
1	焊缝高度差	8	允许差1 mm，每超差1 mm，扣4分	
2	焊缝宽度	10	宽8～12 mm，每超差1 mm，扣3分	
3	焊缝高度	10	高0.51 mm，堆焊高度为40 mm，每超差1 mm，扣2分	
4	焊缝成型	10	要求波纹细、均匀、光滑，否则每项扣3分	
5	焊缝高低差	8	允许差1 mm，每超差1 mm，扣3分	

续表

序号	检验项目	配分	技术标准	实际得分
6	起焊熔合	4	要求熔合好,否则扣4分	
7	弧坑	6	弧坑饱满,否则扣4分	
8	夹渣	8	若有点渣,点渣小于2 mm,扣4分;若有条渣,扣8分	
9	气孔	10	无,否则每处扣2分	
10	电弧擦伤	6	无,否则每处扣2分	
11	飞溅	4	清理干净,否则每处扣2分	
12	运条方法	4	运用两种以上运条方法,少一种,扣2分	
13	熔渣的分辨	2	视情况扣分	
14	安全文明生产	10	服从管理,安全操作,否则扣4分	
15	总分	100	项目训练成绩	

任务二　平敷焊

任务名称	平敷焊		学时	4	班级	
学生姓名		学生学号		组别		任务成绩
实训用具	400 mm×400 mm×10 mm钢板、交流焊机、焊条若干、焊接防护手套、防护面罩		实训场地		日期	
基本任务	在400 mm×400 mm×10 mm的钢板,按附图1.1要求用划针(也可用石笔或粉笔)在两面焊缝位置划线,然后进行平敷焊练习,每人要求焊接两条焊道以上,要求熟练掌握两种以上运条方式,在焊接过程中熟练掌握焊道起头、接头、收尾的操作方法,积累焊接经验					
任务目的	能熟练调节焊机电流、运用划擦引弧法和敲击引弧法、控制焊条角度和运条速度					

续表

	步骤一	分组	自由组队,2~3人一组	
任务实施步骤	步骤二	焊前检查	检查焊钳、电缆是否绝缘良好；检查焊机是否接地良好；检查空气开关是否灵活可靠；组员之间相互检查工作服、手套、面罩是否配备齐全,穿戴规范	务必认真检查设备,相互之间提醒检查劳保用品穿戴到位
	步骤三	清理场地	清理场地,场地内不得有易燃易爆物品,检查场地通风、照明等是否符合规范；焊条是否夹持正确牢靠	
	步骤四	清理工件	用钢丝刷将试件上的待焊接部位的油污、锈蚀、水分等清除干净,直至露出金属光泽	
	步骤五	调整电流	合上电闸,打开焊机,并调整电流大小	
	步骤六	引弧	任选引弧方式引弧	
	步骤七	平敷焊	沿焊缝线开始焊接,可对钢板正反面进行平敷焊练习,平焊姿势见附图1.3。要求每人焊接两条焊道以上	焊接过程中熟练掌握焊道起头、接头、收尾的操作方法,积累焊接经验
	步骤八	检查与评价	认真检查反思,完成自评和互评	

续表

	小组工作量分配：			
操作过程记录	步骤	操作人	用时	操作过程描述
	步骤一			
	步骤二			
	步骤三			
	步骤四			
	步骤五			
	步骤六			
	步骤七			
	步骤八			
操作反思				

续表

评估	自我评价			评分(满分100)			
	组内互评	学号	姓名	评分(满分100)	学号	姓名	评分(满分100)
	注意:认真客观评价,严禁弄虚作假						
	教师评价			评分(满分100)			

任务二 评价标准

序号	检验项目	配分	技术标准	实际得分
1	焊缝高度差	6	允许差1 mm,每超差1 mm,扣4分	
2	焊缝宽度	8	宽8~12 mm,每超差1 mm,扣3分	
3	焊缝高度	8	高0.51 mm,每超差1 mm,扣2分	
4	焊缝成型	8	要求波纹细、均匀、光滑,否则每项扣3分	
5	焊缝高低差	6	允许差1 mm,每超差1 mm,扣3分	
6	起焊熔合	4	要求熔合好,否则扣4分	

续表

序号	检验项目	配分	技术标准	实际得分
7	弧坑	6	弧坑饱满,否则扣4分	
8	接头	8	要求不脱节,不凸高,否则每处扣4分	
9	夹渣	8	若有小于2 mm的点渣,扣4分;若有条渣,扣8分	
10	气孔	4	无,否则每处扣2分	
11	咬边	6	深度小于0.5 mm,每长5 mm,扣3分;深度大于0.5 mm,每长5 mm,扣6分	
12	电弧擦伤	6	无,否则每处扣2分	
13	飞溅	6	清理干净,否则每处扣2分	
14	运条方法	4	运用两种以上运条方法,少一种,扣2分	
15	熔渣的分辨	8	视情况扣分	
16	安全文明生产	4	服从管理,安全操作,否则扣4分	
17	总分	100	项目训练成绩	

任务三　圆钢拼接焊

任务名称	圆钢拼接焊		学时	4	班级	
学生姓名		学生学号		组别	任务成绩	
实训用具	圆钢、钢板、交流焊机、焊条若干、焊接防护手套、防护面罩		实训场地		日　期	
基本任务	如附图1.4所示,运用合适的焊接方法,将两圆钢拼接焊成一体,双面焊接					
任务目的	能根据材料选择合适的焊接运条方法,能独立实施平焊工作					

续表

	步骤一	分组	自由组队,2~3人一组	
任务实施步骤	步骤二	焊前检查	检查焊钳、电缆是否绝缘良好；检查焊机是否接地良好；检查空气开关是否灵活可靠；组员之间相互检查工作服、手套、面罩是否配备齐全,穿戴规范	务必认真检查设备,相互之间提醒检查劳保用品穿戴到位
	步骤三	清理场地	清理场地,场地内不得有易燃易爆物品,检查场地通风、照明等是否符合规范,焊条是否夹持正确牢靠	
	步骤四	清理工件	用钢丝刷将试件上的待焊接部位的油污、锈蚀、水分等清除干净,直至露出金属光泽	

续表

任务实施步骤	步骤五	调整电流	合上电闸,打开焊机,并调整电流大小	
	步骤六	引弧	任选引弧方式引弧	
	步骤七	固定	将两圆钢并拢平置在钢板上,在圆钢两端引弧、断弧2~3次,将两圆钢固定在一起,防止焊接过程中圆钢弯曲变形	
	步骤八	焊接	沿两圆钢连接处进行焊接,运用合适的运条方式,将两圆钢焊接平整牢固	注意运条速度,将工件焊实、焊透
	步骤九	检查与评价	认真检查反思,完成自评与互评	

续表

	小组工作量分配：			
	步骤	操作人	用时	操作过程描述
操作过程记录	步骤一			
	步骤二			
	步骤三			
	步骤四			
	步骤五			
	步骤六			
	步骤七			
	步骤八			
	步骤九			
操作反思				

续表

评估	自我评价				评分(满分100)			
	组内互评	学号	姓名	评分（满分100）	学号	姓名	评分（满分100）
	注意:认真客观评价,严禁弄虚作假							
	教师评价				评分(满分100)			

任务三 评价标准

项目	序号	考核技术要求	配分
焊缝外观质量	1	焊缝的外形尺寸:焊缝的焊脚为(6±1)mm	10
	2	凸度或凹度≤1.5 mm	10
	3	焊缝咬边深度≤0.5 mm,按长度算,每次扣3分;未焊透深度≤0.9 mm,总长度≤15 mm	10

续表

项目	序号	考核技术要求	配分
焊缝内部质量	1	没有裂纹和未熔合	10
	2	未焊透深度≤0.9 mm	12
	3	气孔或夹渣最大尺寸≤0.5 mm,每个扣1分;最大尺寸为0.5~1.5 mm,每个扣2分;最大尺寸≥1.5 mm,每个扣5分,扣完为止	20
焊缝的外表状态	1	焊缝表面应该是原始状态,不允许有加工或补焊、返修焊等	8
	2	焊缝表面不允许有裂纹、未熔合、焊瘤等缺陷	10
安全文明生产		按违反规定的严重程度,扣1~10分	10

附图:

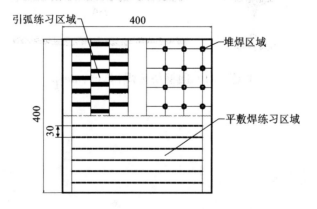

附图1.1 焊接练习区域(单位:mm)

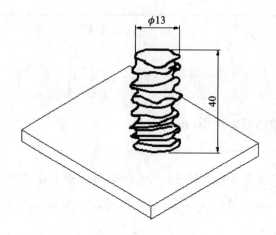

附图1.2 堆焊尺寸要求(单位:mm)

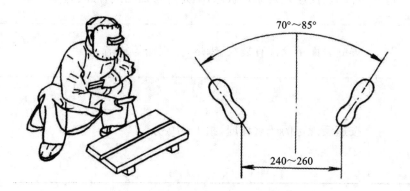

附图1.3 平焊姿势图(单位:mm)

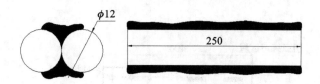

附图1.4 圆钢拼接焊(单位:mm)

模块二 钳 工 实 训

钳工作业主要包括锯削、划线、钻孔、攻丝和套丝（螺纹加工）、刮削、研磨、矫正、弯曲和铆接等。钳工是机械制造中最古老的金属加工技术。通过钳工实训模块，同学们应达到如表 2.1 所示的目标。

表 2.1 钳工实训模块学习目标

	实训目标
知识目标	(1)掌握钳工工作(锯削、划线、钻孔、攻丝和套丝等)的基本操作及作用； (2)掌握钳工常用工具、量具的正确使用方法； (3)熟悉并严格遵守钳工安全操作规程
能力目标	(1)能按零件图熟练运用锯削、划线、钻孔、攻丝和套丝等方式加工较复杂零件； (2)能正确使用工具、量具并具有一定的操作技能； (3)能熟悉安全操作流程，能冷静处理应急事项
素质目标	(1)在基本原理、基本技能学习过程中培养认真细致的学习习惯，形成安全生产意识； (2)在操作过程中培养精益求精、规范操作、安全操作的工匠精神，培养吃苦耐劳、团结协作的工作作风； (3)在工具、设备整理以及场地清洁过程中贯彻劳动教育，形成厉行节约、勤劳肯干的工作素养，形成主动服务、策略服务的工作习惯

一、基础知识模块

（一）安全与劳动保护

钳工作业安全规程和劳动保护内容如下。

（1）使用锉刀、手锤等钳工工具前，应仔细检查是否牢固可靠、有无损裂，不合格的不准使用。

（2）錾、锤工件及清理毛刺时，严禁对着他人工作，要穿戴好劳保用品，防止发生安全事故。使用手锤时，禁止戴手套。不准用扳手、锉刀等工具代替手锤敲打物件，不准用嘴吹或用手摸铁屑，以防伤害眼睛或割伤手。

（3）用台钳夹持工件时，钳口不允许张得过大（不准超过最大行程的 2/3），夹持圆工件或精密工件时要用铜垫，以防工件坠落或损伤工件。

（4）钻小工件时，必须用夹具固定，不准手持工件钻孔，使用钻床加工工件时，禁止戴手套操作。

（5）使用扳手紧固螺丝时，应检查扳手和螺丝有无裂纹或损坏。在紧固时，不能用力过猛或用手锤敲打扳手，大扳手需要套管加力时，应注意安全。

（6）使用手锯要防止锯条突然折断，造成割伤事故。

（7）边角料要集中堆放，及时处理，防止刺戳伤人。

（二）锯削基础知识

锯削是指用手锯锯断金属材料或在工件上锯出沟槽。锯削主要用于分割各种材料或半成品，锯掉工件上的多余部分以及在工件上锯槽等。锯削的主要工具有锯弓和锯条。锯弓根据其结构特征可以分为可调式、固定式两种。锯条根据其粗细可以分为粗齿、中齿和细齿三种。锯条是用来直接锯削型材或工件的刃具，锯削时起切削作用。锯条一般用渗碳软钢冷轧而成，也可以用经过热处理淬硬的碳素工具钢制作。两端安装孔的中心距一般为 300 mm。不同型号锯条的特征及应用如表 2.2 所示。

表 2.2 不同型号锯条的特征及应用

类别	每 25 mm 长度内的齿数	应用
粗	14～18	锯削软钢、黄铜、铝、紫铜、人造胶质材料
中	22～24	锯削中等硬度钢;厚壁的钢管、铜管
细	32	锯削薄片金属、薄壁管子

由于锯齿具有方向,锯削操作主要依靠推力做功,锯条安装时,锯齿要朝前,不能装反,如图 2.1 所示。锯条安装松紧要适当。太紧,在锯削过程中锯条容易折断;太松,在锯削时锯缝容易歪斜。一般以两手指的力旋紧即可。

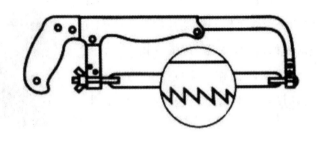

图 2.1 锯齿方向

锯削时一般采用台虎钳夹持工件。使用台虎钳时严禁将台虎钳口松至最大行程的 2/3,以免破坏台虎钳。夹持工件时需松紧适当,对表面质量要求高或易变形的工件需用铜片、木板等进行保护。锯削作业流程如表 2.3 所示。

表 2.3 锯削作业流程

步骤	工作内容与方法	图例
识图	识读图纸,根据图纸内容选取合适材料、锯条、工件保护措施	
准备锯削	将材料按照要求夹持在台虎钳上,安装好锯条,准备油壶等	

续表

步骤	工作内容与方法	图例
起锯	起锯分近起锯和远起锯。一般采用远起锯方式起锯,起锯角应不大于15°。起锯时左手拇指靠住锯条,使锯条能在正确的位置上。行程要短,压力要小,速度要慢,当锯路深度为2~3 mm时,完成起锯	
锯削	锯削时,两手握锯,两脚前后迈开与肩同宽,弓步站立,运用身体和手臂对手锯同时施加向前推力和向下压力。手锯返回时,放松压力,将手锯带回。以此循环动作实现锯削操作。速度一般为20~40次/分。材料硬度较大时,速度较慢;硬度较小时,速度较快	
完成锯削	当材料即将被锯断时,应放慢锯削速度,一手持锯,一手扶住材料,防止锯断后工件跌落遭到破坏或砸伤脚背	

(三)划线基础知识

1. 划线常用工具

划线是根据图样和实物的尺寸,使用划线工具准确地在毛坯或拟加工工件表面划出加工界限尺寸的过程。划线对于正确排料、合理使用材料具有重要作用。常用划线工具包含基准工具、测量工具、绘画工具、夹持工具四类,其图样与使用方法如表2.4所示。

表 2.4 划线工具及作用

类别和名称		图样	作用	使用方法
基准工具	画线平板		测量的基准面	将待测物放置在划线平板上可进行长度、角度、高度等数据测量
	划线方箱		(1)检测工件平行度和垂直度; (2)弧形工具基础划线	(1)将工件置于方箱某一平面上,观测工件的平行度,利用方箱角检测工件垂直度; (2)方箱凹槽配合夹具夹持弧形工件进行基础划线
测量工具	游标高度尺		测量形状与位置误差,用于精密的划线工作	利用游标,对测量爪的测量面与底座底面相对移动的距离,进行读数测量
	钢尺		(1)工件直线划线; (2)工件长度测量	
	直角尺		工件直角的检测和划线	将直角尺靠放在被测工件的工作面上,用光隙法鉴别工件的角度是否正确

续表

类别和名称		图样	作用	使用方法
绘画工具	划针		在工件表面划线	配合钢尺、直角尺等工具进行线条绘制
	划规		(1)画圆、圆弧,确定等分线和等分角度; (2)量取尺寸; (3)确定轴及孔的中心位置,划平行线	与圆规使用方法类似
	划针盘		在工件上划线和校正工件位置	
	样冲		冲眼	冲眼时冲尖对准划线的交叉点,敲击样冲,在工件上留下明显的样冲孔

续表

类别和名称		图样	作用	使用方法
夹持工具	千斤顶		支撑不规则尺寸零件	用多个千斤顶配合使用,搭建基准平面
	V形铁		支持圆柱形工件	将圆柱工件放置在V形铁上进行找中心和划线

2.正确的划线方法

(1)工件涂色。

为使工件表面的线条清晰,涂一层涂料附着在工件表面上,即工件涂色。一般常用的涂料有白灰浆(白石灰、水胶加水)、白粉笔(适于表面粗糙的工件)、酒精色溶液(紫颜料加漆片与酒精混合)。

(2)选择划线基准。

划线时,选择一个或几个平面(线)作为划线的根据,其他尺寸线以此为基准。选定的基准应尽量与图样上的设计基准一致。常见的画线基准类型如下:以两条中心线为基准;以两个互成直角的平面为基准;以一个平面和一条中心线为基准。一般平面划线可选两个基准面。

画线前要注意做好毛坯工件的找正工作,使毛坯表面与基准面处于水平或垂直的位置。目的是使加工表面与不加工表面之间保持尺寸均匀,并使各加工表面的加工余量均匀合理分布。毛坯工件在尺寸、形状和位置上存在一定的缺陷和误差,但当误差不大时,可以通过试划和调整使工件加工表面都有一定的加工余量,从而弥补加工件的缺陷和误差。

(四)锉削基础知识

1.锉削常用工具

锉削主要工具为锉刀。锉刀根据其断面形状不同分为五种,即平锉、方锉、圆锉、三角锉、半圆锉。锉刀断面形状如图2.2所示。

图2.2 锉刀断面形状

2.锉刀使用方法

(1)锉刀握法。

握锉刀时,将锉刀刀柄抵住右手手心,五指顺势握紧,大拇指在上,其余四指在下,协助手臂和身体施加向前推力和向下压力。

(2)锉削力的运用。

锉削时有两个力:推力和压力。其中推力由右手控制,压力由两手控制。在锉削过程中,要保证锉刀前后两端所受的力矩相等,即随着锉刀的推进,左手所加的压力由大变小,右手所加的压力由小变大,否则锉刀不稳,易摆动。

注意:锉刀只在推进时进行切削,返回时不加力,不切削,否则锉刀易磨损;锉削时利用锉刀的有效长度进行切削加工,不能只用局部某一段,否则局部磨损过重,造成寿命降低。一般锉削速度为30~40次/分,根据材料硬度适当调整锉削速度。

(五)钻孔基础知识

钻孔是利用钻头在实体材料上加工孔眼的操作。钻孔时,样冲对准划线位置,通过冲眼应能看清加工线,以利于钻孔对正中心,然后利用钻孔设备将孔加工完成。钻孔设备有台式钻床、立式钻床、摇臂钻床、手持电钻等。实训过程中使用的主要设备是台式钻床,其结构如图2.3所示。钻床运行时钻头最快可达

2000 r/min,因此在钻孔过程中应严格按照安全操作规程,在指导老师的监督指导下完成钻孔操作。

图2.3 台式钻床结构

钻孔安全操作规程及注意事项如下。

(1)开钻前,要根据所需钻削速度,调节钻床的挡速。调节时,必须切断钻床的电源开关。检查是否有钻头钥匙或斜铁插在钻轴上,工作台面上不能放置量具和其他工件等。

(2)钻孔操作时必须戴工作帽,袖口要扎紧,不可戴手套。

(3)工件必须夹紧,孔将钻穿时,要减小进给力。

(4)保持台面清洁,钻孔铁屑不得卷得过长,清除铁屑应用钩子或刷子,严禁用手直接清除。尽可能在钻床停下时清除切屑。

(5)严禁在钻床开机状态下拆工件或清洁钻床,停车时应让主轴自然停止,严禁用手捏刹钻头。

(6)操作钻床,严禁戴手套,袖口应扎紧,长发必须戴工作帽,并将长发挽入帽内。小型工件钻孔操作时,应使用平口钳或压板压住,严禁用手直接握持工件。钻孔要选择适当冷却剂冷却钻头。停电或离开钻床时必须切断电源,锁好箱门。

(7)手持电钻应采用220 V或36 V交流电源,为保证安全,在使用电压为220 V的电钻时,应戴绝缘手套。

(8)用手电钻、风钻等钻具钻孔时,钻头必须与工件垂直,用力不宜过大,人体和手不得摆动,孔将钻通时,应减少压力,以防钻头扭断。

(六)攻丝和套丝基础知识

攻丝是用丝锥加工工件内螺纹。套丝是用板牙套制外螺纹的操作方法。一般用于直径不大、使用较广的螺纹加工。攻丝使用的工具为丝锥和丝锥绞手。套丝使用的工具为板牙和板牙绞手。表2.5详细介绍了它们的使用方法。

表2.5　丝锥、丝锥绞手和板牙、板牙绞手的使用方法

工具	图例	使用方法
丝锥和丝锥绞手		丝锥与丝锥绞手配套使用,根据螺纹牙形、外径、精度、旋转方向等按所配用的螺栓大小选用丝锥的规格。例如攻M12的螺纹一般采用M12的丝锥。丝锥绞手长度应根据丝锥尺寸来选择:M8～M10的丝锥,选用长度为200～250 mm的丝锥绞手;M12～M14的丝锥,选用长度为250～300 mm的丝锥绞手
板牙和板牙绞手		板牙和板牙绞手配套使用。根据外螺纹选用不同型号的板牙,根据材料硬度、尺寸等选用板牙绞手。套螺纹前,为方便进刀,可以将材料(圆钢)端部倒45°角

在攻丝和套丝过程中,起头非常关键,将工件稳定夹持在台虎钳上,然后单手将丝锥或板牙与工件成直角放置,旋转的同时施加垂直向下压力。攻(套)出2～3个螺纹后方可双手持绞手进行作业。为方便排屑和获得较好的加工质量,攻(套)丝过程中需加适量机油润滑。攻丝时一般采用进一圈回半圈的方法使铁屑排出,防止挤伤螺纹。

二、实训任务模块

任务一 下料及锯削六棱柱

任务名称		下料及锯削六棱柱		学时	4	班级	
学生姓名			学生学号		组别	任务成绩	
实训设备		手锯、锯条、划针、划线平台、直尺、台虎钳、钳台等		实训场地		日 期	
基本任务		运用划线和锯削基本知识,将准备好的 φ40 长圆钢,锯削成底面边长为(16±0.5)mm、棱长为 25 mm 的正六棱柱					
任务目的		熟练使用手锯、划规、划针、台虎钳等钳工工具,熟练使用划线工具,掌握划线技能					
任务实施步骤	步骤一	分组		自由组队,2~3 人一组			
	步骤二	检查设备及物料		检查劳保用品是否齐全,是否穿戴整齐;检查台虎钳是否能稳固夹持;检查物料尺寸;检查手锯弓是否完好;检查锯条安装是否正确		劳保用品务必穿戴到位	
	步骤三	测量与划线		将长圆钢夹持在台虎钳上,根据加工余量与工件尺寸要求在圆钢上划出需要锯削的线		注意防止工件、工具跌落砸伤	

续表

	步骤四	锯削	根据步骤三划的线，将圆钢锯断	锯断时防止工件跌落砸伤
任务实施步骤	步骤五	平面划线	根据任务要求，在圆钢端面绘制正六边形	组员轮流锯削，注意相互观察，及时纠正锯路，防止锯偏
	步骤六	检测评价	测量工件各尺寸，完成自评和互评	认真客观完成评价

	小组工作量分配：			
操作过程记录	步骤	操作人	用时	操作过程描述
	步骤一			
	步骤二			
	步骤三			
	步骤四			
	步骤五			
	步骤六			
操作反思				

续表

评估	自我评价			评分(满分100)			
	组内互评	学号	姓名	评分（满分100）	学号	姓名	评分（满分100）
	注意：认真客观评价，严禁弄虚作假						
	教师评价			评分(满分100)			

任务一 评分标准

序号	评分内容	配分	评分标准
1	尺寸精度	20	差1处，扣5分
2	操作熟练程度	20	依据操作过程表现及成品质量计分
3	安全生产	20	劳保用品穿戴不到位，一次扣10分；违反安全操作规程，成绩记不及格
4	劳动纪律	20	迟到、早退，每次扣5分；旷课4节及以上，成绩记不及格
5	文明生产	20	保持工位清洁，不浪费材料，不破坏工具。无故折断丢弃可用的锯条，扣10分；浪费材料，扣10分；无故破坏设备和工具，成绩记不及格

任务二　修整六棱柱

任务名称		修整六棱柱		学时	4	班级	
学生姓名		学生学号		组别		任务成绩	
实训设备		板锉、油光锉、台虎钳、钳台、游标卡尺、钢尺等		实训场地		日期	
基本任务		运用划线和锉削基本知识，将任务一中锯削完成后的六棱柱的八个平面进行整平，要求平面度较好，棱线清晰且与底面垂直度良好。六棱柱截面应为正六边形，边长为(15±0.2)mm					
任务目的		熟练使用锉刀、台虎钳等工具，熟练掌握锉削技能和平面度、垂直度检查技能					
任务实施步骤	步骤一	分组		自由组队，2~3人一组			
	步骤二	检查设备及物料		检查劳保用品是否齐全，是否穿戴整齐；检查台虎钳是否能稳固夹持；检查物料尺寸，计算锉削量；检查锉刀等工具是否齐全完好		劳保用品务必穿戴到位，锉刀柄要求完好，无破损，无裂纹	
	步骤三	粗加工（锉削）		根据尺寸要求及步骤二所计算的各个面的锉削量，使用粗齿板锉进行锉削粗加工		锉削的同时检查平面度和垂直度；严禁用口吹或用手触摸铁屑	

续表

任务实施步骤	步骤四	精加工（锉削）	根据最终尺寸要求，使用细齿板锉对步骤三粗加工后的六棱柱进行精加工	严格按照任务中尺寸、平面度和垂直度要求，对工件精细加工
	步骤五	检测评价	检测工件各尺寸，完成自评和互评	认真客观完成评价

小组工作量分配：

	步骤	操作人	用时	操作过程描述
操作过程记录	步骤一			
	步骤二			
	步骤三			
	步骤四			
	步骤五			
操作反思				

续表

评估	自我评价			评分(满分100)			
	组内互评	学号	姓名	评分（满分100）	学号	姓名	评分（满分100）
	注意:认真客观评价,严禁弄虚作假						
	教师评价			评分(满分100)			

任务二 评分标准

序号	评分内容	配分	评分标准
1	尺寸精度	40	差1处,扣10分
2	操作熟练程度	20	依据操作过程表现及成品质量计分
3	安全生产	10	劳保用品穿戴不到位,一次扣10分;违反安全操作规程,成绩记不及格
4	劳动纪律	20	迟到、早退,每次扣5分;旷课4节及以上,成绩记不及格
5	文明生产	10	保持工位清洁,不浪费材料,不破坏工具。无故破坏设备和工具,成绩记不及格

任务三 完成螺母螺丝制作

任务名称	完成螺母螺丝制作		学时	4	班级	
学生姓名		学生学号		组别	任务成绩	
实训设备	丝锥、丝锥绞手、板牙、板牙绞手、锉刀、台虎钳、钳台、台式钻床等		实训场地		日期	
基本任务	运用钻孔、攻丝、绞丝、划线等基本知识,将任务二所制作的六棱柱制成 M12 六角螺母,用 $\phi 12 \times 150$ mm 的圆钢制作 M12 螺丝					
任务目的	熟练使用台式钻床、丝锥、板牙等工具,熟练掌握攻丝、套丝技能和台式钻床安全使用规程					
任务实施步骤	步骤一	分组	自由组队,2～3 人一组			
	步骤二	检查设备及物料	检查劳保用品是否齐全,是否穿戴规范,是否符合安全操作规程;检查台虎钳是否能稳固夹持;检查台式钻床工件夹持是否符合安全规程;检查丝锥、板牙是否完好,尺寸是否配套;检查台式钻床是否运行正常,操作环境是否符合安全规程			
	步骤三	测量与划线	找出六棱柱底面六边形中心并划线			

续表

任务实施步骤	步骤四 冲眼	在中心处用样冲冲孔	注意防止位置偏差，防止手锤砸手
	步骤五 试钻	在钻床上安装 ϕ10.2 麻花钻，在步骤四的工件冲孔中心处试钻	试钻位置需准确；试钻时注意工件平面与钻头保持垂直，防止钻头断裂；操作钻床时严禁戴手套；衣服袖口扎紧，长发挽入工作帽内；钻床上部严禁放置杂物
	步骤六 钻孔	钻出工件中心孔	钻孔完成后，待工件冷却后再取出；严禁用口吹或用手触摸铁屑
	步骤七 攻丝	用 M12 丝锥在步骤六完成的工件孔处攻丝	注意丝锥配套使用，区分先后顺序
	步骤八 套丝	取 ϕ12 圆钢，锯至任务要求长度，在端面倒 45°角，使用 M12 板牙进行套丝，螺纹长度约 20 mm	

续表

	小组工作量分配：			
操作过程记录	步骤	操作人	用时	操作过程描述
	步骤一			
	步骤二			
	步骤三			
	步骤四			
	步骤五			
	步骤六			
	步骤七			
	步骤八			
操作反思				

续表

评估	自我评价							评分(满分100)	
	组内互评	学号	姓名	评分(满分100)	学号	姓名		评分(满分100)	
		注意:认真客观评价,严禁弄虚作假							
	教师评价							评分(满分100)	

任务三 评分标准

序号	评分内容	配分	评分标准
1	尺寸精度	10	差1处,扣5分;要求螺丝螺母能顺利配合,否则扣10分
2	操作熟练程度	10	依据操作过程表现及成品质量计分
3	安全生产	40	劳保用品穿戴不到位,一次扣10分;违反安全操作规程,成绩记不及格
4	劳动纪律	20	迟到、早退,每次扣5分;旷课4节及以上,成绩记不及格
5	文明生产	20	保持工位清洁,不浪费材料,不破坏工具。无故折断丢弃可用的锯条,扣10分;浪费材料,扣10分;无故破坏设备和工具,成绩记不及格

模块三　管　工　实　训

管工是操作专用机械设备、进行金属及非金属管材加工和管路安装、调试、维护与修理的人员。管工就是在施工或安装现场从事管件加工和管道组合、安装施工的操作者。管工必须具备独立生产加工能力，并能根据设计图进行部件加工和管道连接安装。管工实训模块学习目标如表3.1所示。

表3.1　管工实训模块学习目标

	实训目标
知识目标	(1)掌握管工工作(识图、铰丝、管道连接、连接元件选用等)的基本知识及操作方法； (2)掌握管工常用工具、量具的正确使用方法； (3)熟悉并严格遵守管工安全操作规程
能力目标	(1)能按要求熟练识读图纸、选用工具； (2)能正确操作管工相关工具、设备； (3)能熟悉安全操作流程，能冷静处理应急事项
素质目标	(1)在基本原理、基本技能学习过程中培养认真细致的学习习惯，形成安全生产意识； (2)在操作过程中培养精益求精、规范操作、安全操作的工匠精神，培养吃苦耐劳、团结协作的工作作风； (3)在工具、设备整理、场地清洁过程中贯彻劳动教育，形成厉行节约、勤劳肯干的工作素养，形成主动服务、策略服务的工作习惯

一、基础知识模块

（一）管工基础理论知识

1. 常用术语

管工常用术语及释义见表3.2。

表3.2 管工常用术语及释义

术语	释义
配管	按工艺流程、生产施工、维修等要求进行的管道组装
公称直径	为了设计、制造、安装和检修方便而规定的一种标志直径，一般情况下其数值既不是管子内径，也不是管子外径，而是与管子外径接近的一个整数。公称直径用符号 DN 表示，其后附加公称直径的数值，数值的单位为毫米（mm）
压力试验	以液体或气体为介质，对管道逐步加压至规定压力，以检验管道强度和严密性的试验
管子	一般为长度远大于直径的圆筒体，是管道的主要组成部分，常用外径×壁厚和材料种类来表示
管道	由管道组成件和管道支承件组成，用以输送、分配、混合、分离、排放、计量、控制或制止流动的管子、管件、法兰、螺栓连接、垫片、阀门和其他组成件或受压部件的装配总成
管道组成件	用于连接或装配管道的元件，包括管子、管件、法兰、垫片、紧固件、阀门、膨胀接头、挠性接头、耐压软管、疏水器、过滤器和分离器等
管道系统	简称"管系"，是设计条件相同的互相联系的一组管道
安装件	将负荷从管子或管道附着件传递至支承结构或设备上的元件，包括吊杆、弹簧支吊架、斜拉杆、平衡锤、松紧螺栓、支杆、链条、导轨、锚固件、鞍座、垫板、滚柱、托座和滑动支架等

2.尺寸换算

管子直径通用的单位除了公制单位还有英制单位,具体单位换算如表 3.3 所示。

表 3.3 英寸(分数)、毫米与习惯称呼对照

英寸(分数)	毫米	习惯称呼
1/8	3.2	一分
1/4	6.4	二分
3/8	9.5	三分
1/2	12.7	四分
5/8	15.9	五分
3/4	19.05	六分
7/8	22.2	七分
1	25.4	一寸
2	50.8	两寸

3.常用管材

常用管材可分为金属管材和非金属管材两种。金属管材又分为钢管、铸铁管和有色金属管。非金属管材有钢筋混凝土管、石棉水泥管、塑料管和陶土管等。下面就常用的几种金属管材和非金属管材进行简要分析。

(1)无缝钢管。

无缝钢管通常由普通碳素结构钢、优质碳素结构钢及合金结构钢制成,分为冷轧和热轧两种。规格用外径×壁厚表示。常用无缝钢管的外径为 12~200 mm,壁厚为 2.5~10 mm。其中,壁厚小于 6 mm 的无缝钢管是最常用的。无缝钢管品种规格多,又具有强度高、耐压高、韧性强、管段长、容易加工焊接的优点,是管道工程中最常用的一种材料。其缺点是价格高,容易锈蚀,使用寿命不长。用镍铬不锈钢制成的无缝钢管耐腐蚀,耐酸性强,常用于有特殊要求的化工管道。无缝钢管多用于压力较高的管道,如氧气管道、压缩空气管道、热力管道、氨

制冷管道、乙炔管道,以及除强腐蚀性介质以外的各种化工管道。

(2)焊接钢管。

焊接钢管又称有缝钢管。这种钢管由碳素钢制造,分为不镀锌(黑铁管)和镀锌(白铁管)、管端部带螺纹和不带螺纹等;按壁厚又分为普通管、加厚管和薄壁管。低压流体输送用焊接钢管应用广泛,通常的小直径、低压力(压力在1 MPa以下的介质)管道一般都用这种管子,如室内给水、采暖、煤气管道等;也可用于直径不大于65 mm、工作压力不超过0.8 MPa的压缩空气管道。

(3)铸铁管。

铸铁管主要用于给排水,分为给水铸铁管和排水铸铁管两种,按连接方法不同分为承插式和法兰式两种。用得较多的是承插式,但当与带法兰的控制件(如阀门)相连接则常用法兰式。近年来,市政给水和地下煤气管线也大量采用法兰式铸铁管。给水铸铁管与排水铸铁管从外形上就可分辨,因为给水铸铁管要承受压力,与排水铸铁管相比管壁更厚,承口(喇叭口)更深。铸铁管是由灰铸铁铸造的,含有耐腐蚀元素及微细的石墨,出厂时管内外表面涂有沥青,故具有良好的耐腐蚀性。因此,铸铁管的使用寿命比钢管长,但缺点是性质较脆,不能抗撞击。铸铁管有低压、中压和高压三种承压范围。使用时要选用与实际的工作压力相适应的管材,防止超压和发生事故。

铸铁管的规格用公称直径表示。它的实际内径与公称直径是基本相同的,通常从DN75、DN100、DN125、DN150、DN200到DN1500,有近20种。管子长度一般为3~6 m。铸铁管常用于埋设的给水、煤气、天然气管道和下水管道。硅铁铸铁管则用于化工管道,因为它具有抵抗多种强酸腐蚀的性能。

(4)塑料管。

塑料是以合成树脂为主要成分,加入填充剂、稳定剂、增塑剂等填料制成的一种材料。塑料按合成树脂的不同性质可分为热固性塑料和热塑性塑料。大部分塑料管均为热塑性塑料。这类塑料加热软化后具有良好的可塑性,并可多次反复加热成型。各类塑料管系由挤压机挤压成型而得。塑料管具有密度小,易安装、运输,绝缘性和耐腐蚀性好,热导率小,抗压、抗冲击能力强,施工简单等优点,因此应用极为广泛。塑料管种类很多,应用最广的有硬聚氯乙烯塑料管(UPVC管)、无规共聚聚丙烯管(PP-R管)、聚乙烯管(PE管)以及铝塑复合管(PAP管)等。

①硬聚氯乙烯塑料管是以聚氯乙烯为主要原料并配以添加剂,以热塑工艺通过制管机内径挤压而成的。硬聚氯乙烯塑料管的密度为钢管的1/5,线胀系数为普通钢的5～6倍,热导率是钢管的1/200,其耐热性能较差(长期使用的介质温度一般不宜超过60 ℃),而电气绝缘性能良好。硬聚氯乙烯塑料管的力学性能、抗冲击性能较普通碳素钢差,尤其是强度、刚度、抗冲击强度等力学性能受温度和时间的制约很大。硬聚氯乙烯塑料管在常温下(或低于50 ℃)对除强氧化剂以外的各种浓度的酸类、碱类、盐类均具有良好的耐腐蚀性。

硬聚氯乙烯塑料管广泛应用于建筑给排水、化工、石油、制药等行业。规格有 $\phi 40\times 2.0$ mm、$\phi 50\times 2.0$ mm、$\phi 75\times 2.3$ mm、$\phi 100\times 3.2$ mm、$\phi 160\times 4.0$ mm、$\phi 200\times 4.4$ mm 等。供货长度一般为4～6 m。

②无规共聚聚丙烯管具有极佳的节能保温效果,输送水温一般为95 ℃,热导率仅为钢管的1/200,耐腐蚀,寿命长。无规共聚聚丙烯管的送水噪声比钢管小,施工工艺简便,管材、管件均采用同一材料进行热熔焊接,施工速度快,永久密封无渗漏。但是无规共聚聚丙烯管较金属管硬度低,刚度差,在5 ℃以下有一定脆性,线胀系数较大,长期受紫外线照射易老化分解。

无规共聚聚丙烯管主要用于冷热水管、采暖管道、空调设备配管,以及生产给水、纯净水、化工和医药等工艺管道。

③聚乙烯管由向低密度的聚乙烯树脂加入添加剂,挤压成型而得。其质量轻,仅为镀锌钢管的1/8,保温性能好,热导率仅为镀锌钢管的1/150,抗冲击性能强,是硬聚氯乙烯塑料管的5倍,工作条件在70～120 ℃,常温下使用工作压力可达0.4 MPa。常用的聚乙烯管为聚乙烯给水管和聚乙烯燃气管。

④铝塑复合管是一种新型管材,其内外层为特种高密度聚乙烯,中间层为铝合金层,经氢弧焊对接而成,各层再用特种胶黏合,成为复合管材。它集金属管和塑料管的优点于一身,被称为跨世纪的绿色管材。铝塑复合管主要用作建筑用冷热水管、采暖空调管、城市燃气管道、压缩空气管、特殊工业管及电磁波隔断管。

铝塑复合管的特性如下:耐压、耐腐蚀,不结污垢、不透氧,保温性能好,管道不结露,抗静电、阻燃;可弯曲、不反弹、可成卷供应、接头少、渗漏机会少;既可明装,也可暗埋,施工安装简便,施工费用低;重量轻,运输、储存方便。

不同管材对比详见表3.4。

表 3.4 不同管材对比

管材名称	特点	适用范围	连接方式
焊接钢管	材质为易焊接的碳素钢,强度高,接口方便,承受内压大,抗震性能好,加工容易,内壁光滑阻力小,但易腐蚀,造价高	给水管、热水供应、供热管道	螺纹连接、焊接、法兰连接
镀锌钢管	在焊接钢管基础上经热浸镀锌而成。管内外壁形成合金层,光亮、美观、耐腐性好,经久耐用	给排水、煤气输送、热水、采暖工程	螺纹、法兰、卡箍连接
普通无缝钢管	可分为冷轧和热轧两种,强度高,应用广泛	供热管、制冷管、压缩空气管等工业管	焊接、法兰连接
铸铁给水管	有灰铸铁和球墨铸铁管两种,耐腐蚀,寿命长,造价低,但材质较脆,重量大,运输施工不方便	给水系统	承插、法兰连接
铸铁排水管	采用灰铸铁,承压能力差,性脆,价格低,自重大。已被塑料管替代,但柔性铸铁排水管仍运用于高层建筑	排水系统	承插连接,柔性铸铁排水管采用管件螺栓连接

续表

管材名称	特点	适用范围	连接方式
钢塑复合管	在镀锌钢管基础上涂敷环氧粉末等高分子材料而成,使用寿命是镀锌钢管的3倍以上,具有镀锌钢管和塑料管的优点	建筑给水、生活饮用水、热水等系统	同镀锌钢管
铝塑复合管	由交联聚乙烯或高密度聚乙烯、薄壁铝管、特种热熔胶复合而成,综合性能强,寿命长	建筑室内给水、饮用水、采暖等系统	专用管件连接
聚氯乙烯管	耐腐蚀性强,耐酸、碱、盐、油介质侵蚀,重量轻,有一定机械强度,水力条件好,安装方便,但易老化,不能承受冲击	建筑排水、生活污水、废水及市政下水系统	黏接连接,$\phi 110$ 以上采用弹性密封圈连接
无规共聚聚丙烯管	材质为聚丙烯。宜安装,有冷热水两种,但线胀系数大,抗紫外线能力差	用于生活、饮用水管,不可做消防管	热熔、螺纹连接

4.常用管件

管路连接部分的成形零件称为管件,如弯头、三通、管接头、异径管和法兰等。管道工程常用的管件一般有钢管件、铸铁管件和非金属件等。

在本次实训过程中,我们主要学习和使用的为铸铁管件。铸铁管件及作用如表3.5所示。

表 3.5 铸铁管件及作用

钢管配件连接	序号	名称	作用	图例
	1	90°弯头	连接两根同径或异径管子（件），改变介质流动方向	
	2	管箍	也叫管接头、外接头，用于直线连接两根直径相同的管子	
	3 6	补心	也叫内外螺母，用于管子变大或变小处的连接	
	4 10 13	异径三通	异径三通分异径直通和异径斜三通，用于管道分支变径时。直通管径大，分支管径小的称为中小三通；直通管径小，分支管径大的称为中大三通	
	5 9 11 14	六角内接头	又叫外径内接头，当安装距离很短时，用于连接直径相同的内螺纹管件或阀门	

续表

钢管配件连接	序号	名称	作用	图例
	7	异径四通	四通管道呈十字形分支,管子直径有两种,其中相对的两管直径相同	
	8	活接头	活接头又称由任,装在直管上需要经常拆卸之处	
	12	阀门	控制流体介质流量或通断	
	15	大小头	连接不同直径大小的管子	
	16	丝堵	又称外方堵头、管堵,用来堵塞配件的端头或堵塞管道的预留口	

5. 管道连接

管道连接是指按照施工设计图的要求,将已经加工预制好的管段连接成一个完整的系统。在施工中,通常根据管材材质选择不同的连接方式:焊接钢管主要采用螺纹连接、焊接、法兰连接和卡箍连接;无缝钢管一般采用焊接和法兰连接;铸铁管一般采用承插连接,塑料管可采用黏接、热(电)熔连接;复合管可采用卡套式连接和卡箍连接等形式。

下面介绍管道连接的几种主要形式。

(1)螺纹连接又称为丝扣连接,将管端加工的外螺纹与管路附件的内螺纹紧密连接。螺纹连接主要适用于焊接钢管的连接、某些螺纹阀类连接和某些螺纹连接的设备接管等。

螺纹连接时,先在管子外螺纹上缠抹适量的填充材料。螺纹处加填充材料是为了提高管子螺纹的接口严密性,避免维修时因螺纹锈蚀而不易拆卸。填充材料起两个作用:一是填充螺纹间的空隙,二是防止螺纹腐蚀。常用的螺纹连接填料有铅油麻丝和聚四氟乙烯生料带。管子输送介质温度在120 ℃以内时,可使用油麻丝和铅油做填料。一般将油麻丝从管螺纹第二、三扣开始沿螺纹按顺时针缠绕,再在油麻丝表面均匀地涂抹一层铅油,然后用手拧上管件,最后用管钳或链条钳将其拧紧。当输送介质温度在−180~250 ℃时,也可用聚四氟乙烯生料带(简称生料带或生胶带)。生料带使用方法简便,将其薄膜紧紧地缠在螺纹上便可装配管件。

按介质性质选用油麻丝或聚四氟乙烯生料带,油麻丝和生料带应按顺时针方向从管头往里缠绕,要求螺纹接口端部洁净,管螺纹根部应有外露螺纹。不管哪种填料在连接中只能使用一次。若拆卸螺纹,应更换填料。拧紧螺纹时,应选用适宜的管钳,用小管钳拧大管径达不到拧紧目的,用大管钳拧小管径,会因用力控制不准而使管件破裂。不准用套管加长钳把进行操作。使用管钳时要左手扶稳管钳的头部,待管钳与管子或管件咬紧后,右手压钳把,使其达到上紧要求。拧紧配件时不仅要求上紧,还必须注意管件阀门的方向,不允许因拧过头而用倒拧的方法找正。

(2)焊接是将两对接管子的接口处及焊条加热至金属熔化状态,使两个被焊管接口成为一个整体的连接方法。它是管道安装工程中应用最广泛的一种连接方法。焊接的主要优点是：管子的焊接接头牢固耐久，不易渗漏，接头强度和严密性高，不需要接头配件，成本低，使用中不需要经常管理。其缺点是：其接头是不可拆卸的固定接头，需要拆卸时，必须把管子切断。焊接操作工艺较为复杂，须由焊工使用焊接设备完成。

(3)法兰连接就是将固定在两个管口（或附件）上的一对法兰盘，中间加入垫圈，然后用螺栓拉紧密封，使管子（或附件）连接起来。法兰连接是一种可随时装卸接头，法兰连接会降低管道弹性，造价也较高，但结合强度高，拆卸方便。

法兰连接时，要注意对准两片法兰的螺栓孔，连接法兰的螺栓应用同一种规格，全部螺母应位于法兰的某一侧，如与阀件连接，螺母一般应放在阀件一侧，紧固螺栓时，要使用合适的扳手，分 2~3 次拧紧，紧固螺栓应按对边十字交叉次序对称均匀地进行。大口径法兰最好两人在对称位置同时进行，连接法兰的螺栓端部伸出螺母的长度一般为 2~3 扣，螺栓紧固还应根据需要加一个垫片，紧固后，螺母应紧贴法兰。

(4)承插连接（通常称捻口连接）就是把承插式铸铁管的插口插入承口，然后在四周的间隙内加满填料打实、打紧。承插连接接口形式如图 3.1 所示。承插接口的填料分两层：内层用油麻丝或胶圈，其作用是使承插口的间隙均匀，并使下一步的外层填料不致落入管腔，且有一定的密封作用；外层填料主要起密封和增强作用，可根据不同要求选择接口材料，常用的材料接口形式有青铅接口、石棉水泥接口、膨胀水泥接口、三合一水泥接口、水泥接口和胶圈柔性接口。承插连接接口如表 3.6 所示。

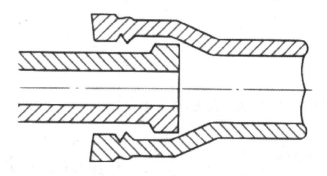

图 3.1 承插连接接口形式

表 3.6 承插连接接口

接口材料	特点	适用场合
青铅接口	(1)强度高,抗振性能好; (2)不需要养护,施工完毕后可立即试压或通水; (3)消耗大量有色金属,造价高,施工工序多	(1)用于管道穿越公路、铁路等振动较大的地段; (2)用于要求立即通水的抢修工程
石棉水泥接口	(1)强度较大,有弹性、抗震性较好; (2)成本比青铅接口低; (3)劳动强度大,工效低	(1)广泛应用于城市、厂区输水铸铁管道; (2)振动不大的地方
膨胀水泥接口	(1)操作简便,劳动强度低; (2)快硬、早强,能很快通水或试压; (3)可提高工效,降低成本; (4)强度、弹性、抗震性不如石棉水泥接口; (5)要求准确预计自应力水泥的用量和时间,否则会贻误工期或造成水泥过期报废	基本与石棉水泥接口相同
三合一水泥接口	(1)材料容易解决,操作简便,劳动强度低; (2)接口能快硬、早强; (3)强度、弹性、抗震性不如石棉水泥接口; (4)操作时对手上皮肤有刺激	与膨胀水泥接口基本相同

续表

接口材料	特点	适用场合
水泥接口	(1)成本低,操作简单; (2)质量不高	压力不高和施工条件受限制时适用
胶圈柔性接口	(1)操作方便; (2)维护时间短; (3)可带水作业	施工抢修时适用

(5)黏接是通过胶黏剂在胶黏的两个物件表面产生的黏接力,将两个相同或同材料的物件牢固地黏接在一起。黏接的方式与法兰连接、焊接等方式相比,具有抗剪强度大、应力分布均匀、可以黏接任意不同材料、施工简便、价格低廉的优点。在给排水管道工程中也逐步得到应用,使用较多的管材是塑料管。

工程上应用黏接较广泛的塑料管有聚氯乙烯管、聚丙烯管两种。其黏接方式有承插黏接和平口黏接。

(6)热熔连接常用的有热熔承插连接和热熔对接连接两种。热熔承插连接是将管材外表面和管件内表面同时加热至材料的熔化温度,然后撤去承插加热工具,将熔化的管材插口插入内表面熔化的管件承口,保压、冷却至环境温度。一般来说,管径大于 50 mm 的管道承插连接应用机械设备,以保证连接质量。热熔承插连接常用于小口径管道连接。

热熔对接连接是将与管轴线垂直的两对管子端面与加热板接触,加热至熔化,然后撤去加热板,将熔化端压紧、保压和冷却,直至冷却至环境温度。常用的加热工具是对接焊机。对接焊机具有电子温度控制设施,操作简单方便。

(二)管工机具设备及其操作方法

管工在施工过程中,除必须配有一般机械安装钳工应有的工具外,还需要管工常用的管钳、管子台虎钳、管子割刀、管子铰板、套筒扳手与梅花扳手、板牙与丝锥、捻口工具、手动弯管器等。管工常用工具简介见表 3.7。

表 3.7 管工常用工具简介

管工常用工具	图例	使用方法	注意事项
张开式管钳		张开式管钳由钳柄、套夹和活动钳口组成。活动钳口与钳柄用套夹相连，钳口上有轮齿以便咬牢管子使之转动，钳口张开的大小用螺母进行调节	使用管钳时，需要两手动作协调，松紧合适，防止打滑。扳动管钳钳柄时，不要用力过大，更不允许在钳柄上加套管。当钳柄末端高出使用者头部时，不得用正面拉吊的方式扳动钳柄。不得用于拧紧六角螺栓和带棱的工件，也不得将它作撬杠和锤子使用。管钳的钳口和链条上通常不应沾油，但在长期不用时应涂油保护
链条式管钳		链条式管钳适用于较大管径及狭窄的地方拧动管子，由钳柄、钳头和链条组成。它是依靠链条来咬住管子转动的	
管子台虎钳		管子台虎钳（又称管压力钳、龙门压力钳）安装在钳工工作台上，可固定工件，便于对工件进行加工。如用来夹紧锯切管子或对管子套制螺纹等，管子台虎钳按夹持管子直径ϕ的不同可分为$\phi \leqslant$ 50 mm、50 mm $< \phi \leqslant$ 80 mm、80 mm $< \phi \leqslant$ 100 mm、$\phi \geqslant$ 150 mm 四种规格	

续表

管工常用工具	图例	使用方法	注意事项
管子割刀		管子割刀（又称割管器）用于切割各种金属管子，常用的是可切割直径50 mm以下的管子，具有操作简便、速度快、切口断面平整的优点，缺点是管子断面挤压变形	为防止管子断面挤压变形，切割管子时，采用进刀一圈、切割一圈的方式。进刀过快容易导致管子变形，断面不齐整，同时也容易损坏割刀
普通式管子铰板		普通式管子铰板主要由板体、扳手、板牙三部分组成，每种规格的管子铰板都分别附有几套相应的板牙，每套板牙可以套两种尺寸的螺纹	不论采用哪种方法套螺纹，所套出螺纹的质量标准应符合如下要求。 (1)螺纹端正，不偏扣，不乱扣，表面光滑，无毛刺、断扣和缺扣，总长度不得超过螺纹全长的10%。 (2)在螺纹纵方向上不得有断缺处相靠。 (3)螺纹要有一定的锥度，松紧程度要适当。 (4)螺纹长度以安装连接后尚外露2~3扣为宜
轻便式管子铰板		轻便式管子铰板只有一个扳手。扳手端头内备有R1/2管螺纹，以便操作者根据施工场地具体情况，选配一根长短适宜的扳手把	

续表

管工常用工具	图例	使用方法	注意事项
砂轮切割机		砂轮切割机是由电动机带动砂轮片高速($v>40$ m/s)旋转来切断金属管子的。切完后会有少数飞边,锉刀轻锉即可除去	(1)操作切割机人员不能正面对准砂轮片,需要站在侧边,非操作人员不得在近旁停留,以免砂轮片碎裂时飞出伤人; (2)更换砂轮切割片后要试运行,观察是否有明显的震动,确认运转正常后方能使用; (3)操作盒或开关必须完好无损,并有接地保护; (4)传动装置和砂轮的防护罩必须安全可靠,并能挡住砂轮破碎后飞出的碎片,端部的挡板应牢固地装在罩壳上,工作时严禁卸下; (5)操作人员操纵手柄作切割运动时,用力应均匀、平稳,切勿用力过猛,以免过载使砂轮切割片崩裂
电动套螺纹机		电动套螺纹机适用于各种用途管子的切断、管端内口倒角和对管子、圆钢套外螺纹。常用的电动套螺纹机最大套螺纹直径为 80 mm,切断管子最大直径为 80 mm	(1)使用电动套螺纹机时应严格按照安全规程操作; (2)严格执行作业前、作业中、作业后检查,不得使设备"带病上岗"

续表

管工常用工具	图例	使用方法	注意事项
管子滚槽机		(1)放置管子滚槽机并调整到水平的位置。根据管子的粗细调整三角支架的高低,以确保在滚槽的时候钢管的平衡。 (2)将钢管的端面与管子滚槽机下轮的定位盘紧贴后,启动滚槽机开关,缓慢平稳地扳动油泵的手柄。 (3)滚压到要求的尺寸后,停机,检查滚槽的宽带和深度。 (4)卸载,取出滚压成的钢管,并切除端面和滚压槽附近的毛刺和铁屑	(1)启动前注意检查电路、漏电保护、接地等是否安全可靠,保障人身安全; (2)检查电路是否缺相,避免烧坏电机; (3)检查液压油位是否在标准允许位置,试压检查泵内是否存在空气,如果有,则需要放气后再使用
管子热熔器		(1)预热热熔器; (2)将需要连接的两接口分别放置在热熔器接口处熔化; (3)连接	使用前注意检查电路,使用过程中注意防止烫伤
水管剪刀		使用方法类似于剪刀,水管剪刀具有棘轮结构,可有效阻止刀刃回程	

续表

管工常用工具	图例	使用方法	注意事项
管子开孔器		(1)将本机底压上的V形铁骑附在管道上,调整链条的长度,使本机牢固地定位在管道上; (2)按规定确认开孔直径,装夹合适的开孔器; (3)启动电机,再次确认开孔机、开孔器运转正常; (4)扳动手柄,使开孔器徐徐向下,接近管子时,空看开孔位置是否正确,若不正确,应关机,并重新调整; (5)开孔时,手柄下压应缓慢,并不断地用冷却液冷却开孔器; (6)开孔结束后,关闭电机,卸下机器,小心轻放,不得在地上拖运机器	(1)检查电路; (2)插好电源,打开电机开关,检查设备运转情况,确认运转正常后,关机

二、实训任务模块

任务一 制作管螺纹

任务名称		制作管螺纹		学时	4	班级	
学生姓名			学生学号		组别	任务成绩	
实训设备		轻便式管子铰板、管子台虎钳、管子割刀、手锯等		实训场地		日期	
基本任务		使用轻便式管子铰板,按照国家标准,对于DN20和DN32镀锌钢管铰丝,铰丝完成后将螺纹部分截断,每一种尺寸制作3个,分别采用管子割刀和手锯断管					
任务目的		熟练使用管子割刀、轻便式管子铰板等工具,熟练掌握不同直径钢管螺纹长度国家标准					
任务实施步骤	步骤一	分组	自由组队,2~3人一组				
	步骤二	检查设备及物料	(1)检查劳保用品是否齐全,是否穿戴整齐; (2)检查管子台虎钳是否能稳固夹持; (3)检查物料尺寸; (4)检查手锯锯弓是否完好; (5)检查轻便式管子铰板零件是否齐全,是否能配套正常使用			劳保用品务必穿戴到位	
	步骤三	作业前准备	查阅国家标准,确定各个螺纹长度				

续表

任务实施步骤	步骤四	铰丝	(1)选择对应板牙,组装好轻便式管子铰板; (2)将钢管端面锯齐; (3)将钢管固定在管子台虎钳上; (4)将轻便式管子铰板套在钢管端面; (5)左手压住管子铰板,使其板牙牢固咬合管子端面,右手下压铰板手柄,转动板牙,切出螺纹; (6)待切出2~3个螺纹后可稍微放松左手压力,继续下压手柄完成铰丝	铰丝时务必使板牙界面与管子端面平行,否则会铰坏螺纹,甚至破坏铰板; 铰丝过程中注意添加机油润滑,保护螺纹
	步骤五	断管	在螺纹末端1~2 mm处用管子割刀或手锯割断钢管	使用手锯断管时注意采用多位置锯削,一次锯削过深容易造成锯条断齿或绷断锯条; 使用管子割刀断管时,注意每转一圈或多圈时才进刀一圈,严禁连续进刀,以免破坏割刀刀片
	步骤六	检测评价	检测工件数量和尺寸,完成自评和互评	认真客观完成评价

续表

	小组工作量分配:			
	步骤	操作人	用时	操作过程描述
操作过程记录	步骤一			
	步骤二			
	步骤三			
	步骤四			
	步骤五			
	步骤六			
操作反思				

续表

评估	自我评价						评分(满分100)	
	组内互评	学号	姓名	评分（满分100）	学号	姓名	评分（满分100）	
	注意:认真客观评价,严禁弄虚作假							
	教师评价						评分(满分100)	

任务一 评分标准

序号	评分内容	配分	评分标准
1	尺寸精度	40	根据国家标准判断螺纹长度是否符合标准,若不符合,扣20分;制作的成品有变形、开裂、豁口等瑕疵,一处扣10分
2	操作熟练程度	20	依据操作过程表现及成品质量计分
3	安全生产	10	劳保用品穿戴不到位,一次扣10分;违反安全操作规程,成绩记不及格

续表

序号	评分内容	配分	评分标准
4	劳动纪律	20	迟到、早退,每次扣 5 分;旷课 4 节及以上,成绩记不及格
5	文明生产	10	保持工位清洁,不浪费材料,不破坏工具;轻型活动铰板没有完整放置回收纳箱,全组成绩记不及格;无故破坏设备和工具,成绩记不及格

任务二　学习热熔连接和卡箍连接

任务名称	学习热熔连接和卡箍连接		学时	4	班级	
学生姓名		学生学号		组别	任务成绩	
实训设备	管子热熔器、水管剪刀、管子开孔器、管子压槽机等		实训场地		日期	
基本任务	(1)认真听讲,学习热熔连接和卡箍连接具体实施方式; (2)观看消防管道完整卡箍连接过程; (3)动手操作,练习热熔连接					
任务目的	熟练使用管子割刀、轻便式管子铰板等工具,熟练掌握不同直径钢管螺纹长度的国家标准					
任务实施步骤	步骤一	分组	自由组队,2~3 人一组			
	步骤二	检查设备及物料	(1)检查劳保用品是否齐全,是否穿戴整齐; (2)检查物料、工具是否完备			劳保用品务必穿戴到位,防止烫伤
	步骤三	作业前准备	认真观察教师操作演示,认真聆听讲解			

续表

任务实施步骤	步骤四	热熔连接	(1)热熔器预热至指定温度； (2)将三通及管子在热熔器上熔至指定长度； (3)连接管子和三通； (4)剪下多余管子	注意控制热熔时管子熔化长度、三通熔化深度，连接时注意平行推进，尽量使管子和三通同轴
	步骤五	检测评价	检测热熔成品质量，完成自评和互评	认真客观完成评价

操作过程记录	小组工作量分配：			
	步骤	操作人	用时	操作过程描述
	步骤一			
	步骤二			
	步骤三			
	步骤四			
	步骤五			
操作反思				

续表

评估	自我评价			评分(满分100)		
	组内互评	学号	姓名	评分（满分100）	学号	姓名	评分（满分100）
	注意:认真客观评价,严禁弄虚作假						
	教师评价			评分(满分100)			

任务二 评分标准

序号	评分内容	配分	评分标准
1	尺寸精度	40	热熔连接接口处有瑕疵,一处扣5分;连接不牢固,一处扣10分
2	操作熟练程度	20	依据操作过程表现及成品质量计分
3	安全生产	10	劳保用品穿戴不到位,一次扣10分;违反安全操作规程,成绩记不及格
4	劳动纪律	20	迟到、早退,每次扣5分;旷课4节及以上,成绩记不及格
5	文明生产	10	保持工位清洁,不浪费材料,不破坏工具;无故破坏设备和工具,成绩记不及格

任务三　在管道中间处安装阀门

任务名称	在管道中间处安装阀门		学时	4	班级	
学生姓名		学生学号		组别	任务成绩	
实训设备	普通式管子铰板、管子割刀、管钳、管子台虎钳等		实训场地		日期	
基本任务	按照任务尺寸要求下料,采用普通式管子铰板对镀锌钢管铰丝,然后在两节镀锌管之间安装闸阀					
任务目的	熟练使用管子割刀、轻便式管子铰板等工具,熟练掌握不同直径钢管螺纹长度的国家标准					

任务实施步骤	步骤一	分组	自由组队,2~3人一组	
	步骤二	检查设备及物料	(1)检查劳保用品是否齐全,是否穿戴整齐; (2)检查物料、工具是否完备	劳保用品务必穿戴到位
	步骤三	作业前准备	认真听讲,学习普通式管子铰板如何使用	
	步骤四	下料	根据任务要求(图纸),用管子割刀或手锯下料	下料时要注意区分以下几个长度:构造长度、安装长度、预制加工长度

续表

	步骤五	铰丝	在镀锌钢管两端使用普通式管子铰板套出螺纹	
任务实施步骤	步骤六	连接	(1)将其中一管段的带螺纹的管端固定在管子台虎钳上,使螺纹端离管子台虎钳 100 mm,并缠好填充材料; (2)操作者用手使阀门螺纹与管端螺纹带扣,再用管钳夹住靠管端螺纹的阀门端部,按顺时针方向拧紧阀门; (3)在另一管段的带螺纹端缠好填充材料,并与管子台虎钳上已连接好的阀门带扣; (4)一人首先用管钳夹住已经拧紧的阀门的一端,另一人再用管钳拧需要拧紧的管段。前一人始终保持阀门位置不变,后一人按前述方法慢慢拧紧管段	
	步骤七	检测与调整	检查阀门安装是否牢靠,检查填料是否安装准确	有填料被挤出、掉落等情况,需要重做
	步骤八	评价	完成自评和互评	认真客观完成评价

续表

	小组工作量分配：			
操作过程记录	步骤	操作人	用时	操作过程描述
	步骤一			
	步骤二			
	步骤三			
	步骤四			
	步骤五			
	步骤六			
	步骤七			
	步骤八			
操作反思				

续表

评估	自我评价					评分(满分100)	
	组内互评	学号	姓名	评分（满分100）	学号	姓名	评分（满分100）
	注意：认真客观评价，严禁弄虚作假						
	教师评价					评分(满分100)	

任务三 评分标准

序号	评分内容	配分	评分标准
1	产品质量	40	螺纹符合标准、连接符合标准、填料符合标准，一处错误扣10分
2	操作熟练程度	20	依据操作过程表现及成品质量计分
3	安全生产	10	劳保用品穿戴不到位，一次扣10分；违反安全操作规程，成绩记不及格
4	劳动纪律	20	迟到、早退，每次扣5分；旷课4节及以上，成绩记不及格
5	文明生产	10	保持工位清洁，不浪费材料，不破坏工具；无故破坏设备和工具，成绩记不及格

任务四　φ50 和 φ20 镀锌钢管铰丝

任务名称	φ50 和 φ20 镀锌钢管铰丝		学时	2	班级	
学生姓名		学生学号		组别	任务成绩	
实训设备	电动铰丝机		实训场地		日期	
基本任务	操作电动铰丝机,对 φ50 和 φ20 镀锌钢管铰丝,按照国家标准铰出标准螺纹并切断,每种直径管道分别制作 2 个					
任务目的	熟练使用电动铰丝机铰丝、断管、更换板牙等,熟练掌握不同直径钢管螺纹长度的国家标准					
任务实施步骤	步骤一	分组	自由组队,2~3 人一组		
	步骤二	检查设备及物料	(1)检查劳保用品是否齐全,是否穿戴整齐; (2)检查物料、工具是否完备	劳保用品务必穿戴到位
	步骤三	作业前准备	认真听讲,学习电动铰丝机如何使用	
	步骤四	铰丝	根据任务要求,安装管道铰丝、断管、倒角	注意对照国家标准调整螺纹长度
	步骤五	更换板牙	根据步骤三所学习的内容正确更换板牙	检查板牙是否配套,安装是否正确
	步骤六	铰丝	换另一直径钢管,安装钢管铰丝、断管、倒角	
	步骤七	检测评价	完成自评和互评	认真客观完成评价

续表

	小组工作量分配：			
	步骤	操作人	用时	操作过程描述
操作过程记录	步骤一			
	步骤二			
	步骤三			
	步骤四			
	步骤五			
	步骤六			
	步骤七			
操作反思				

续表

评估	自我评价							评分(满分100)		
	组内互评	学号	姓名	评分（满分100）	学号	姓名	评分（满分100）
	注意:认真客观评价,严禁弄虚作假
	教师评价							评分(满分100)		

任务四　评分标准

序号	评分内容	配分	评分标准
1	产品质量	40	端口整齐,螺纹深度、长度符合标准,一处错误扣10分
2	操作熟练程度	20	依据操作过程表现及成品质量计分
3	安全生产	10	劳保用品穿戴不到位,一次扣10分;违反安全操作规程,成绩记不及格。
4	劳动纪律	20	迟到、早退,每次扣5分;旷课4节及以上,成绩记不及格
5	文明生产	10	保持工位清洁,不浪费材料,不破坏工具;无故破坏设备和工具,成绩记不及格

任务五 制作给水小系统并试压

任务名称	制作给水小系统并试压		学时	4	班级	
学生姓名		学生学号		组别	任务成绩	
实训设备	电动铰丝机、普通式管子铰板、轻便式管子铰板、管钳、管子台虎钳、扳手、试压机等		实训场地		日期	
基本任务	按照任务要求制作镀锌钢管给水小系统,制作完成后进行试压					
任务目的	熟练掌握螺纹连接、填料防漏、水压测试等操作					
任务实施步骤	步骤一	分组	自由组队,2~3人一组		
	步骤二	检查设备及物料	(1)检查劳保用品是否齐全,是否穿戴整齐; (2)检查物料、工具是否完备		劳保用品务必穿戴到位
	步骤三	作业前准备	认真听讲,学习图纸分析和制作要求		
	步骤四	下料	根据任务尺寸要求,将各类钢管下料备用		
	步骤五	铰丝	将步骤四中下料的钢管按照标准进行铰丝		注意螺纹长度是否符合骨架标准
	步骤六	连接	对照任务要求,将各管道和管件连接成给水小系统		注意填料、螺纹深度等
	步骤七	测压	连接好系统和试压机,关闭水龙头,打开闸阀,然后连续下压试压机手柄对管道内加压,直至压力稳定在 0.6 MPa 再停止加压,观察各连接处是否漏水		
	步骤八	检测与评价	完成自评与互评		认真客观完成评价

续表

	小组工作量分配：			
	步骤	操作人	用时	操作过程描述
操作过程记录	步骤一			
	步骤二			
	步骤三			
	步骤四			
	步骤五			
	步骤六			
	步骤七			
	步骤八			
操作反思				

续表

评估	自我评价							评分(满分100)	
	组内互评	学号	姓名	评分（满分100）	学号	姓名		评分（满分100）	
	注意：认真客观评价，严禁弄虚作假								
	教师评价							评分(满分100)	

任务五　评分标准

序号	评分内容	配分	评分标准
1	产品质量	40	水表、闸阀、水龙头等方向是否正确，尺寸是否精准；连接处是否漏水，填料是否符合标准，每处瑕疵扣5分
2	操作熟练程度	20	依据操作过程表现及成品质量计分
3	安全生产	10	劳保用品穿戴不到位，一次扣10分；违反安全操作规程，成绩记不及格
4	劳动纪律	20	迟到、早退，每次扣5分；旷课4节及以上，成绩记不及格
5	文明生产	10	保持工位清洁，不浪费材料，不破坏工具；无故破坏设备和工具，成绩记不及格

任务六 绘制 90°虾壳弯放样展开图

任务名称	绘制 90°虾壳弯头放样图		学时	4	班级	
学生姓名		学生学号		组别	任务成绩	
实训设备	作图工具、剪刀等		实训场地		日期	
基本任务	绘制 ϕ110 PVC 管,90°单节虾壳弯放样展开图,并将展开图裁剪下来备用					
任务目的	熟悉弯头制作方法及意义					
任务实施步骤	步骤一	分组	自由组队,2~3 人一组			
	步骤二	绘制前准备	准备好作图工具,固定好图纸			
	步骤三	作图	(1)作∠AOB＝90°,以 O 为圆心,以半径 R 为弯曲半径,画出虾壳弯的中心线。 (2)将∠AOB 平分成两个 45°,即图中∠AOC、∠COB,再将∠AOC、∠COB 分成 15°、30°、30°、15°的角,即∠AOK、∠KOC、∠COD 与∠DOE。 (3)以弯管中心线与 OB 的交点 4 为圆心,以 D/2 为半径画半圆,并将其 6 等分。 (4)通过半圆上的各等分点作 OB 的垂线,与 OB 相交于 1、2、3、4、5、6、7,与 OD 相交于 1′、2′、3′、4′、5′、6′、7′,直角梯形 11′77′就是需要展开的弯头端节。			

			续表
任务实施步骤	步骤三	作图	(5)在 OB 的延长线的方向上,画线段 EF,使 $EF=\pi D$,并将 EF 12 等分,得各等分点 1、2、3、4、5、6、7、6、5、4、3、2、1,通过各等分点作垂线。 (6)以 EF 上的各等分点为基点,分别截取 $11'$、$22'$、$33'$、$44'$、$55'$、$66'$、$77'$线段长,画在 EF 相应的垂直线上,得到各交点 $1'$、$2'$、$3'$、$4'$、$5'$、$6'$、$7'$、$6'$、$5'$、$4'$、$3'$、$2'$、$1'$,将各交点用圆滑的曲线依次连接起来,所得几何图形即为端节展开图。用同样方法对称截取 $11'$、$22'$、$33'$、$44'$、$55'$、$66'$、$77'$后,用圆滑的曲线连接起来,即得到中节展开图	
	步骤四	检测与评价	完成自评与互评	认真客观完成评价

	小组工作量分配:			
操作过程记录	步骤	操作人	用时	操作过程描述
	步骤一			
	步骤二			
	步骤三			
	步骤四			

续表

操作反思			
评估	自我评价		评分(满分100)
	组内互评	学号 | 姓名 | 评分（满分100） | 学号 | 姓名 | 评分（满分100）	
		注意:认真客观评价,严禁弄虚作假	
	教师评价		评分(满分100)

任务六　评分标准

序号	评分内容	配分	评分标准
1	图纸质量	60	要求图纸准确、尺寸精准、线条合理,每处瑕疵扣10分
2	劳动纪律	20	迟到、早退,每次扣5分;旷课4节及以上,成绩记不及格
3	文明生产	20	保持工位清洁,不浪费材料,不破坏工具;无故破坏设备和工具,成绩记不及格

任务七 制作 90°PVC 虾壳弯头

任务名称		制作 90°PVC 虾壳弯头		学时	2	班级	
学生姓名			学生学号		组别	任务成绩	
实训设备		手锯、胶带等		实训场地		日期	
基本任务		根据任务六所制作的放样展开图制作弯头					
任务目的		熟悉弯头制作方法、加深对图纸指导工程作业的认识					
任务实施步骤	步骤一	分组	自由组队,2～3 人一组				
	步骤二	绘制前准备	准备好制作工具,听指导老师讲解制作过程				
	步骤三	下料	根据直径,粗略计算所需下料长度,并用手锯下料				
	步骤四	划线	利用放样展开图,采用记号笔在 PVC 管上划出所锯削的线				
	步骤五	锯削	沿步骤四所划的线进行锯削				
	步骤六	粘接	将步骤五所锯削的虾壳弯段按照要求粘接成 90°弯头				
	步骤七	检查与评价	按照要求认真检查和调整,完成自评和互评				认真客观完成评价

续表

小组工作量分配：

	步骤	操作人	用时	操作过程描述
操作过程记录	步骤一			
	步骤二			
	步骤三			
	步骤四			
	步骤五			
	步骤六			
	步骤七			
操作反思				

续表

评估	自我评价				评分(满分100)	
	组内互评	学号	姓名	评分(满分100)	学号	姓名	评分(满分100)
	注意:认真客观评价,严禁弄虚作假					
	教师评价				评分(满分100)	

任务七 评分标准

序号	评分内容	配分	评分标准
1	产品质量	40	要求弯头角度正确,每段之间缝隙小,拐角顺畅;每一处瑕疵扣5分
2	操作熟练程度	20	依据操作过程表现及成品质量计分
3	安全生产	10	劳保用品穿戴不到位,一次扣10分;违反安全操作规程,成绩记不及格

续表

序号	评分内容	配分	评分标准
4	劳动纪律	20	迟到、早退,每次扣5分;旷课4节及以上,成绩记不及格
5	文明生产	10	保持工位清洁,不浪费材料,不破坏工具;无故破坏设备和工具,成绩记不及格